一步一步跟我学

SCRATCH 3.0 编程

丁 浩 孙亲亲 编著

清华大学出版社
北京

内 容 简 介

随着人工智能不断发展，让孩子学会编程逐步列入每个家庭的计划中，学习编程先得培养兴趣，兴趣是一切学习的动力，如果开始没有尝到甜头，上来就是一本枯燥的说明书，会让孩子兴趣的热度消失殆尽。本书汇百家精粹，是为孩子们入门编程而精心打造的一本书，让孩子们能更快速地融入编程的奇妙世界中，为今后的发展铺平道路。

本书共分两部分32章，其中的内容包含了Scratch中核心指令的讲解及运用，从最开始的移动10步有关的编程，到最终可以灵活运用列表变量模块的指令。本书提供源码、课件与动画视频等资源下载，并提供技术支持。

本书根据Scratch可视化编程语言的特点，同时利用Scratch在教学上的强大能力和它丰富的学习环境，来制作交互式程序、富媒体项目，包括动画故事、读书报告、科学实验、游戏和模拟程序等。通过书中这些完整的编程案例的学习，孩子们可以制作出更多类似的、丰富多彩的程序。

图书在版编目（CIP）数据

一步一步跟我学Scratch 3.0编程/丁浩，孙亲亲编著. —北京：清华大学出版社，2020.7
ISBN 978-7-302-55655-8

Ⅰ．①一… Ⅱ．①丁… ②孙… Ⅲ．①程序设计—少儿读物 Ⅳ．①TP311.1-49

中国版本图书馆CIP数据核字（2020）第100371号

责任编辑：夏毓彦
封面设计：王　翔
责任校对：闫秀华
责任印制：沈　露

出版发行：清华大学出版社

网　　址：http://www.tup.com.cn，http://www.wqbook.com
地　　址：北京清华大学学研大厦A座　　　　　　邮　　编：100084
社 总 机：010-62770175　　　　　　　　　　　邮　　购：010-62786544
投稿与读者服务：010-62776969，c-service@tup.tsinghua.edu.cn
质量反馈：010-62772015，zhiliang@tup.tsinghua.edu.cn

印 装 者：三河市君旺印务有限公司
经　　销：全国新华书店
开　　本：190mm×260mm　　　　　印　　张：7.5　　　　字　　数：192千字
版　　次：2020年7月第1版　　　　　　　　　　　　　　印　　次：2020年7月第1次印刷
定　　价：39.00元

产品编号：082911-01

前　言

Scratch 是由麻省理工学院（MIT）设计开发的少儿编程工具。针对 6 岁以上孩子的认知水平，以及对于界面的喜好，MIT 做了相当深入的研究和颇具针对性的设计开发，不仅易于孩子使用，而且寓教于乐，让孩子在创作中获得乐趣。

Scratch 有什么特点？

Scratch 针对的目标群体是 6 ～ 16 岁的少年。它最突出的特点是为用户提供一套由积木系统组成的编程指令，孩子不需要敲代码，不需要使用键盘，不需要懂英语，直接拖曳软件里面的积木，就可以学习编程。

Scratch 对孩子有什么作用？

Scratch 少儿编程锻炼孩子的逻辑思维能力，通过使用 Scratch 让学生在动画、游戏设计过程中逐渐形成逻辑分析、独立思考、善于创新的思维方式，学会提出问题和解决问题。

本书真的适合你吗？

本书通过一个个小程序慢慢给孩子讲解 Scratch 编程里面会用到的知识点。从开始的简单的运动指令，使角色做出我们想要的动作、直到后面的大型"项目制"的阶梯式教学。使孩子能更好地入门学习 Scratch。书中把一个大的问题一步一步分解成小问题，会让孩子的逻辑更加清晰，并帮助他们理清解答问题的思路。

本书编程实例涵盖的教学内容有哪些？

- 循环控制
- 关系运算
- 变量
- 音乐模块
- 函数

- 逻辑判断
- 列表
- 广播机制
- 克隆
- 算术运算

- 画笔工具
- 流程图
- 字符串操作
- 条件判断

源码、课件与动画视频下载

本书源码、课件与动画视频可扫描下方的二维码下载，如果下载有问题，可发送电子邮件至 booksaga@163.com，邮件主题为"一步一步跟我学 Scratch 3.0 编程"。

本书特点

（1）阅读本书不需要具备编程经验。书中的每一个程序都是从一个大问题分解成一个个小问题，有助于读者的理解与学习。

（2）深入浅出轻松易学，以实例为主线，激发读者的阅读兴趣，让读者能够真正学会 Scratch 的核心知识点。

（3）书中的每一章都会教读者制作一个游戏，并对出现的编程概念进行讲解。每个项目都会拆解成多个步骤完成。

（4）从简单的程序开始学习，一直到最后的大型复杂项目教学。阶梯式学习，无论是小白，还是有编程基础的读者，都可以学到想要的知识。

本书读者

- 想要学习 Scratch 的学生
- 从事 Scratch 培训的老师
- 辅导学生学习 Scratch 编程的家长
- 爱好学习 Scratch 的群体

甲虫编程团队

2020 年 1 月

目　录

简单学习编程

01 斑马快跑

带着问题学:

1. 如何添加与设置作品的背景、角色、声音、造型?
2. 如何使斑马在不同的场景下散步?

核心指令

序 号	指令图示	说 明
❶	移动 10 步	控制角色移动一定数量的距离,步数可编辑
❷	移到 x: -169 y: -98	把角色移到舞台上的某一位置
❸	下一个造型	从上往下切换角色的造型
❹	碰到 舞台边缘 ▾ ?	侦测角色是否到达舞台四周边缘,常搭配"如果"指令来使用
❺	等待 1 秒	等待1秒钟

（续表）

序　号	指令图示	说　明
❻	下一个背景	从上往下切换角色的造型
❼	播放声音　Drum Funky ▼　等待播完	播放背景音乐

💜 **核心知识**

1. 学会使用 Scratch 3.0 添加背景、角色、声音、造型。

2. 学会编程来实现角色的造型切换、移动。

💜 **今日任务**

制作《斑马快跑》项目

1. 任务说明：

实现哨子在不同场景下的行走效果，并配置场景音效。

2. 任务分析：

序　号	角色/背景	效　果　说　明
❶	斑马	1. 切换造型，实现斑马的动态效果 2. 碰到边缘就切换下一个场景 3. 实现哨子从左往右移动的效果
❷	背景	设定合适的音效响度，配置背景音乐，并重复播放

3. 场景搭建：

背景：背景库→选择背景→ Colorful City/Desert/Jungle/Savanna →双击添加。

角色：角色库→动物→ Zebra →单击添加。

完整场景：

4. 编写程序：

序　号	角色/背景	效果说明
❶	斑马	当 ▶ 被点击 重复执行 下一个造型 移动 10 步 如果 碰到 舞台边缘 ? 那么 移到 x -137 y -119 下一个背景 等待 0.2 秒
❷	背景	当 ▶ 被点击 重复执行 播放声音 Drip Drop ▼ 等待播完

❤ **课后练习**

　　不看提示完整实现《斑马快跑》项目。完成后可自行改编程序，实现更加丰富的效果。

02 散步鸡群

带着问题学：

1. 如何实现用键盘按键控制角色的移动？

2. 如何使用"面向"指令实现角色移动的效果？

💗 核心指令：

序　号	指令图示	说　明
❶	在 0.3 秒内滑行到 Hen ▼	在设定的时间内移动到设定好的角色
❷	按下 b ▼ 键？	是否按下b键
❸	将旋转方式设为 左右翻转 ▼	设置角色的翻转模式
❹	将大小增加 10	将角色大小增加10
❺	面向 Hen ▼	面向指定角色
❻	移到最 前面 ▼	角色移到舞台最前面
❼	将 颜色 ▼ 特效增加 25	将角色颜色特效增加一定程度

💗 核心知识：

1. 学会编程实现用键盘上下键控制角色的移动。
2. 学会使用"面向…方向"指令实现角色的移动朝向。

💗 今日任务：

制作《散步鸡群》项目

1. 任务说明：

控制母鸡上下左右移动，小鸡跟随母鸡一起移动。

2. 任务分析：

序　号	角色/背景	效 果 说 明
❶	母鸡	1. 切换造型，实现母鸡的动态效果 2. 按上下左右键，控制母鸡的移动 3. 按下b/s键改变母鸡的大小
❷	Chick	1. 大小为30，翻转方式为左右翻转 2. 切换造型，实现小鸡行走的动态效果 3. 按上下左右键，控制母鸡的移动
❸	Chick2	1. 大小为30，翻转方式为左右翻转 2. 切换造型，实现小鸡行走的动态效果 3. 按上下左右键，控制母鸡的移动
❹	Chick3	1. 大小为30，翻转方式为左右翻转 2. 切换造型，实现小鸡行走的动态效果 3. 按上下左右键，控制母鸡的移动
❺	背景	设定合适的音效响度，配置背景音乐，并重复播放

3. 场景搭建：

背景：背景库→选择背景→ Forest →双击添加。

角色：角色库→动物→ Hen/Chick →单击添加。

完整场景：

4. 编写程序：

序　号	角色/背景	效果说明
❶	母鸡	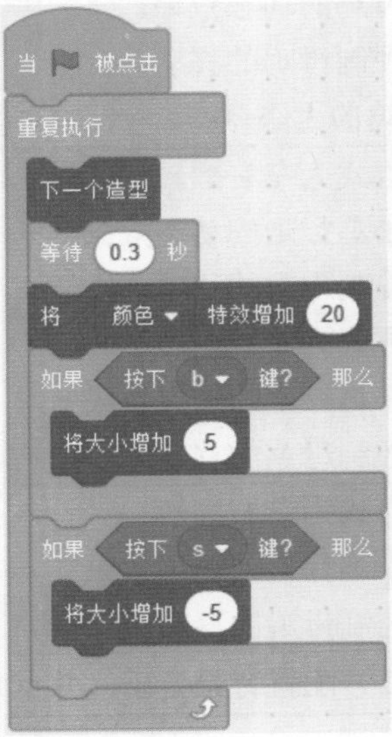 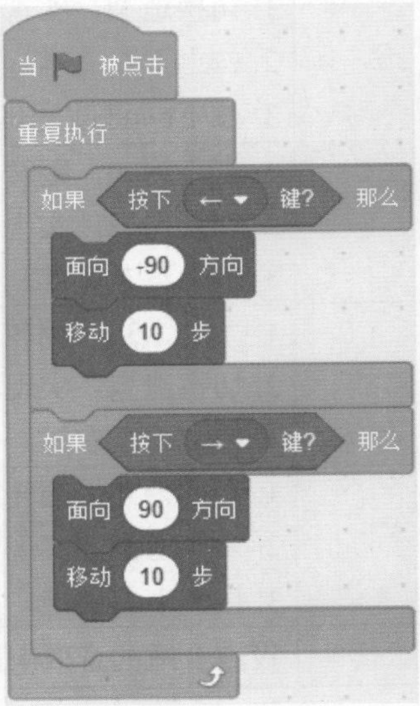 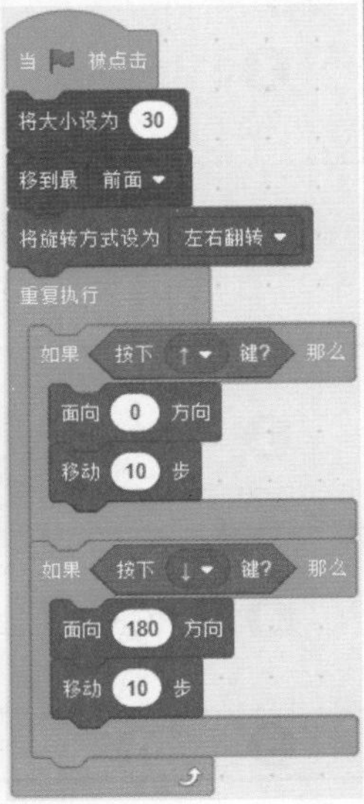
❷	Chick	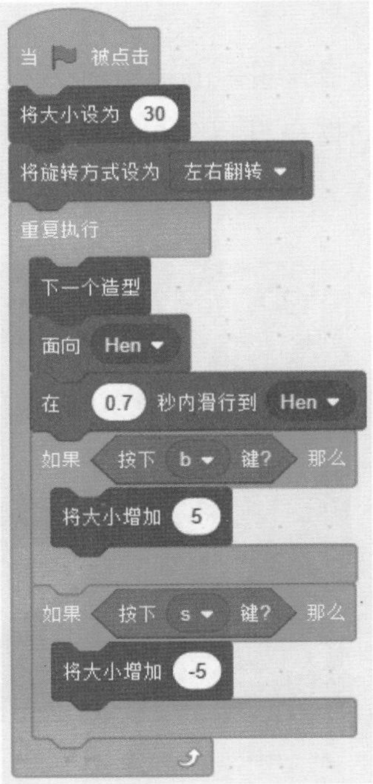

（续表）

序　号	角色/背景	效 果 说 明
❸	Chick2	当▶被点击；将大小设为 30；将旋转方式设为 左右翻转；重复执行｛下一个造型；面向 Hen；在 0.3 秒内滑行到 Hen；如果 按下 b 键? 那么｛将大小增加 5｝；如果 按下 s 键? 那么｛将大小增加 -5｝｝
❹	Chick3	当▶被点击；将大小设为 30；将旋转方式设为 左右翻转；重复执行｛下一个造型；面向 Hen；在 0.5 秒内滑行到 Hen；如果 按下 b 键? 那么｛将大小增加 5｝；如果 按下 s 键? 那么｛将大小增加 -5｝｝

（续表）

序　号	角色/背景	效 果 说 明
⑤	背景	当 🚩 被点击 重复执行 　播放声音　Dance Celebrate ▼　等待播完

💗 **课后练习：**

在现有程序的基础上更改面向方向的角度，观察母鸡和小鸡的运动效果。

🐞 03 保卫小鸡

带着问题学：

1. 如何使用运动的随机方向使角色随机移动？
2. 如何使用侦测相关指令侦测角色的状态？

💗 **核心指令：**

序　号	指令图示	说　明
①	移动 10 步	控制角色移动一定数量的距离，步数可编辑
②	碰到边缘就反弹	角色碰到舞台边缘会反弹
③	下一个造型	从上往下切换角色的造型
④	碰到 Magic Wand ▼ ？	是否触碰到指定物体
⑤	等待 1 秒	暂停程序的执行，等待一定的时间后恢复
⑥	在 1 和 10 之间取随机数	取随机数

（续表）

序　号	指令图示	说　明
❼	面向 90 方向	角色的朝向方向
❽	将旋转方式设为 左右翻转 ▼	设置角色的翻转模式

核心知识：

1. 了解碰到指令的含义及常见用法。
2. 学会编程实现使用按键控制角色的移动。

今日任务：

制作《保卫小鸡》项目

1. 任务说明：

控制 Magic Wand 的左右移动，防止老鹰下来捕食小鸡。

2. 任务分析：

序　号	角色/背景	效果说明
❶	老鹰	1. 切换造型，实现老鹰的动态效果 2. 碰到边缘就反弹 3. 碰到魔法棒就随机向上运动
❷	Magic Wand	按左右键，控制魔法棒的移动
❸	Chick	1. 大小为50，碰到舞台边缘就反弹 2. 切换造型，实现小鸡行走的动态效果 3. 碰到老鹰就消失
❹	Hen	1. 开始显示，碰到边缘就左右翻转 2. 切换造型，实现母鸡行走的动态效果 3. 碰到老鹰就消失
❺	背景	设定合适的音效响度，配置背景音乐，并重复播放

3. 场景搭建：

背景：背景库→选择背景→ Blue Sky →双击添加。

上传 Hen/Chick/ 老鹰 /Magic Wand 棒角色：

角色→动物→ Hen/Chick →单击添加。

注意：本例的老鹰素材在 Scratch 素材库里没有，所以选了形象上类似的 Dinosaur（恐龙）素材。

完整场景：

4. 编写程序：

序　号	角色/背景	效 果 说 明
❶	老鹰	当 被点击 显示 将大小设为 50 面向 90 方向 将旋转方式设为 左右翻转 ▼ 重复执行 移动 2 步 下一个造型 碰到边缘就反弹 如果 碰到 Dinosaur3 ▼ ? 那么 隐藏

（续表）

序　号	角色/背景	效果说明
❷	Magic Wand	
❸	Chick	
❹	Hen	

（续表）

序　号	角色/背景	效 果 说 明
⑤	背景	当 ▶ 被点击 重复执行 播放声音 Elec Piano Loop ▼ 等待播完

💛 **课后练习**：

在现有程序的基础上添加面向 90 方向的指令，实现小鸡在舞台上随机行走的效果。

🐞04 守护家园

带着问题学：

1. 如何实现角色变大的效果？

2. 如何使用"显示隐藏"指令来制作项目？

💛 **核心指令**：

序　号	指 令 图 示	说　明
①	当按下 空格 ▼ 键	当按下空格键时
②	将y坐标增加 10	角色向上运动
③	已吃害虫 = 100	数字等于100
④	将 我的变量 ▼ 设为 0	将变量设为0
⑤	将 已吃害虫 ▼ 增加 1	将变量增加1
⑥	在 1 和 10 之间取随机数	取随机数
⑦	将 颜色 ▼ 特效增加 25	把角色的颜色效果增加一定数值

核心知识：

1. 了解随机数指令的含义及常见用法。
2. 学会编程来实现用键盘控制角色的移动。

今日任务：

制作《守护家园》项目

1. 任务说明：

用键盘控制移动豆豆吃掉害虫，豆豆吃掉害虫身体变大。

2. 任务分析：

序 号	角色/背景	效 果 说 明
❶	豆豆	1. 切换造型，实现豆豆吃害虫的动态效果 2. 上下左右键移动豆豆 3. 豆豆吃害虫身体变大
❷	Beetle	1. 大小为30，碰到舞台边缘就反弹 2. 切换造型，实现害虫行走的动态效果 3. 碰到豆豆就消失

3. 场景搭建：

背景：背景库→选择背景→ Wetland →双击添加。

角色：角色库→动物→豆豆 /Beetle →单击添加。

完整场景：

4.编写程序：

序　号	角色/背景	效 果 说 明
❶	豆豆	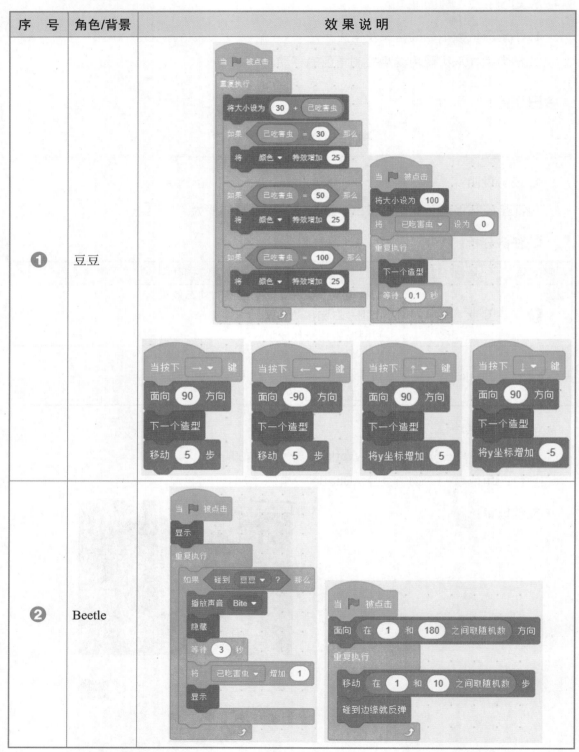
❷	Beetle	

（续表）

序　号	角色/背景	效果说明
❸	背景	当 🏴 被点击 重复执行 播放声音 Dance Sitar ▾ 等待播完

课后练习：

你能通过增加多种动物角色，设置吃掉不同动物得到不同积分的效果吗？

05 迷宫夺食

带着问题学：

1. 如何实现角色的上下左右移动？
2. 如何巧用“碰到”指令完成我们想要的效果？

核心指令：

序　号	指令图示	说　明
❶	碰到颜色 ( ) ?	碰到某种颜色
❷	( ) 或 ( )	A或B
❸	换成 mouse1-a ▾ 造型	切换角色的某一个造型
❹	碰到 鼠标指针 ▾ ?	是否触碰到指定物体
❺	移到 x: -215 y: 146	移到舞台中的某一位置
❻	面向 90 方向	角色的朝向方向

核心知识：

1. 了解控制模块中判断指令的含义及常见用法。
2. 学会编程来改变方向以控制角色的移动方向。

❤ **今日任务:**

制作《迷宫夺食》项目

1. 任务说明:

控制老鼠左右移动,避免老鼠碰到迷宫墙壁,最终找到粮食通关。

2. 任务分析:

序　号	角色/背景	效　果　说　明
❶	老鼠	1. 切换造型,实现老鼠的动态效果 2. 碰到迷宫墙壁就回到起始点 3. 按上下左右键移动老鼠
❷	粮仓	切换造型,实现粮仓的动态效果
❸	背景	设定合适的音效响度,配置背景音乐,并重复播放

3. 场景搭建:

背景: 绘制→绘制背景图。

角色: 角色→动物→ Muffin →单击添加。

完整场景:

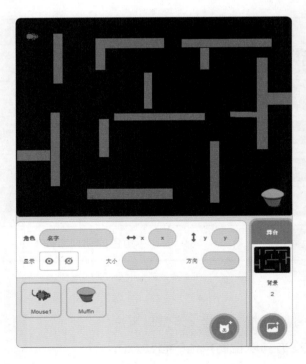

4: 编写程序:

序 号	角色/背景	效 果 说 明
❶	老鼠	
❷	粮仓	
❸	背景	

💜 **课后练习:**

通过拓展程序设定迷宫墙壁的移动速度和方式,你可以做一个更有挑战性的迷宫觅食吗?

06 循迹小虫

带着问题学：

1. 如何实现左转右转控制角色的移动？

2. 如何编程实现当按下某键时达到我们想要的效果？

3. 什么是变量？

核心指令：

序 号	指令图示	说 明
❶	当按下 w ▼ 键	当按下W键时
❷	右转 ↻ 25 度	角色向右旋转25度
❸	左转 ↺ 25 度	角色向左旋转25度
❹	虫子移动速度	变量名称
❺	将 虫子移动速度 ▼ 设为 5	将变量数值设为5
❻	将 虫子移动速度 ▼ 增加 1	将变量数值增加1
❼	颜色 ⬤ 碰到 ⬤ ？	侦测紫色是否碰到粉色

核心知识：

1. 了解变量模块中变量指令的含义和常见用法。

2. 学会编程来实现用按键控制角色移动的速度。

3. 学会使用侦测模块中的"碰到"指令实现我们所要的效果。

今日任务：

制作《循迹小虫》项目

1. 任务说明：

虫子跟随图片中的轨迹移动，按下 W 键增加虫子速度，按下 S 键降低虫子速度。

2. 任务分析：

序 号	角色/背景	效 果 说 明
❶	虫子	1. 切换造型，实现虫子爬行的动态效果 2. 沿着背景图片上的轨迹运动 3. 按下W键增加速度，按下S键降低速度
❷	背景	1. 切换造型 2. 设定合适的音效响度，配置背景音乐，并重复播放

3. 场景搭建：

背景：背景库→图案→ Light →双击添加。

角色：角色库→动物→ Beetle →单击添加。

完整场景：

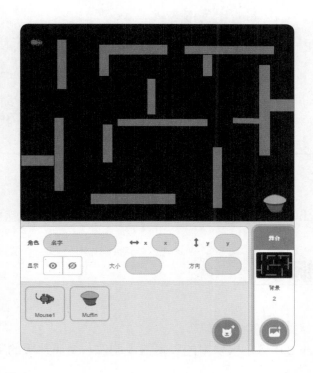

4. 编写程序：

序　号	角色/背景	效果说明
❶	虫子	当 ▶ 被点击 将 虫子移动速度 ▼ 设为 5 重复执行 　移动 虫子移动速度 步 　如果 颜色 ○ 碰到 ○ ? 那么 　　右转 ↻ 25 度 　如果 颜色 ○ 碰到 ○ ? 那么 　　左转 ↺ 25 度 碰到边缘就反弹
❷	背景	当按下 空格 ▼ 键 下一个背景 当按下 w ▼ 键 将 虫子移动速度 ▼ 增加 1 当按下 s ▼ 键 将 虫子移动速度 ▼ 增加 -1 当 ▶ 被点击 重复执行 　播放声音 Trap Beat ▼ 等待播完

♥ 课后练习：

你能运用 Scratch 绘制一幅地图，编写一个使虫子顺着地图找宝藏的游戏吗？

07 七彩钢琴

带着问题学：

如何使用 Scratch 3.0 音乐模块中的脚本指令制作一个简易版的钢琴演奏器？

💜 **核心指令：**

序　号	指令图示	说　明
❶	🎵 演奏音符 62 0.25 拍	以1/4节拍演奏音符

💜 **核心知识：**

理解与使用音乐模块中的相关指令。

💜 **今日任务：**

制作《七彩钢琴》项目

1. 任务说明：

制作简易版钢琴演奏器。使用数字按键 1 ～ 6 与 0 分别对应 7 个音符 do、re、mi、fa、sol、la、si。

2. 任务分析：

序　号	角色/背景	效果说明
❶	琴键1	按下1键弹奏do音，并切换为点亮造型，松开按键则切换回默认造型
❷	琴键2	按下2键弹奏re音，并切换为点亮造型，松开按键则切换回默认造型
❸	琴键3	按下3键弹奏mi音，并切换为点亮造型，松开按键则切换回默认造型
❹	琴键4	按下4键弹奏fa音，并切换为点亮造型，松开按键则切换回默认造型
❺	琴键5	按下5键弹奏sol音，并切换为点亮造型，松开按键则切换回默认造型
❻	琴键6	按下6键弹奏la音，并切换为点亮造型，松开按键则切换回默认造型
❼	琴键0	按下0键弹奏低音si，并切换为点亮造型，松开按键则切换回默认造型

3. 场景搭建：

背景：默认白色背景。

绘制琴键角色 1 ～ 6 与 0，每个角色的两个造型效果如下（默认琴键颜色为黑白色，依次交替，按键按下时都以橙色造型展示，更换数字即可）：

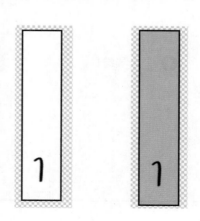

完整场景：

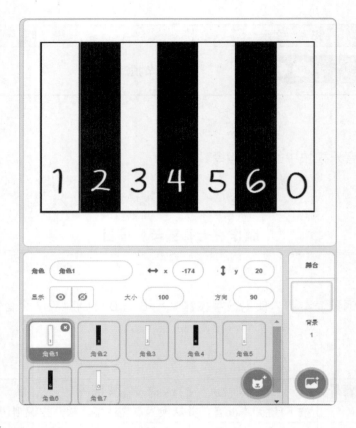

4. 编写程序：

序　号	角色/背景	效 果 说 明
❶	琴键1	

（续表）

序　号	角色/背景	效　果　说　明
❷	琴键2	当 ▶ 被点击 换成 造型1 ▾ 造型 移到 x: -112 y: 20 重复执行 　如果 按下 2 ▾ 键? 那么 　下一个造型 　♫ 演奏音符 62 0.25 拍 　换成 造型1 ▾ 造型
❸	琴键3	当 ▶ 被点击 换成 造型1 ▾ 造型 移到 x: -53 y: 20 重复执行 　如果 按下 3 ▾ 键? 那么 　下一个造型 　♫ 演奏音符 64 0.25 拍 　换成 造型1 ▾ 造型
❹	琴键4	当 ▶ 被点击 移到 x: 6 y: 20 换成 造型1 ▾ 造型 重复执行 　如果 按下 4 ▾ 键? 那么 　下一个造型 　♫ 演奏音符 65 0.25 拍 　换成 造型1 ▾ 造型

（续表）

序 号	角色/背景	效 果 说 明
❺	琴键5	当 ▶ 被点击 移到 x: 66 y: 20 换成 造型2 造型 重复执行 　如果 按下 5 键? 那么 　下一个造型 　♪♪ 演奏音符 67 0.25 拍 　换成 造型2 造型
❻	琴键6	当 ▶ 被点击 移到 x: 127 y: 20 换成 造型1 造型 重复执行 　如果 按下 6 键? 那么 　下一个造型 　♪♪ 演奏音符 69 0.25 拍 　换成 造型1 造型
❼	琴键0	当 ▶ 被点击 换成 造型1 造型 移到 x: 187 y: 20 重复执行 　如果 按下 0 键? 那么 　下一个造型 　♪♪ 演奏音符 71 0.25 拍 　换成 造型1 造型

课后练习：

任务说明：梳理今日任务，不看提示完整实现《七彩钢琴》项目。完成后可自行改编程序，实现更加丰富的效果。

附：《两只老虎》简谱。

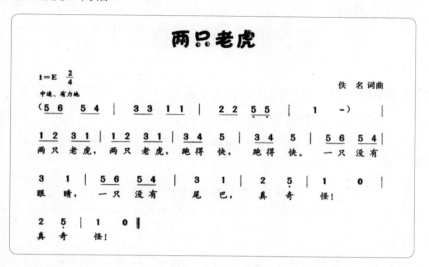

08 飞天气球

带着问题学：

1. 如何侦测外界声音值来制作项目？
2. 如何使用运算符制作动画效果？

核心指令：

序　号	指令图示	说　明
❶	◯ = 50	运算符"等于"指令
❷	响度	声音大小
❸	将大小增加 10	将角色体积增加10
❹	重复执行直到 ◆	一直执行程序，直到达到设定的条件继续向下执行

序　号	指令图示	说　明
❺	在 -200 和 100 之间取随机数	取随机数
❻	面向 90 方向	角色的朝向方向

核心知识：

1. 了解侦测模块中"响度"指令的含义及常见用法。

2. 学会编程实现角色的随机移动效果。

今日任务：

制作《飞天气球》项目

1. 任务说明：

气球随着声音变大开始变大，等变大到一定程度就开始变小飘远。

2. 任务分析：

序　号	角色/背景	效果说明
❶	气球	1. 随着声音变大，气球体积开始变大 2. 气球达到一定体积开始变小 3. 碰到舞台边缘消失
❷	背景	设定合适的音效响度，配置背景音乐，并重复播放

3. 场景搭建：

背景：背景库→ Farm →双击添加。

角色：角色库→ Balloon →单击添加。

完整场景：

4. 编写程序：

序　号	角色/背景	效　果　说　明
❶	气球	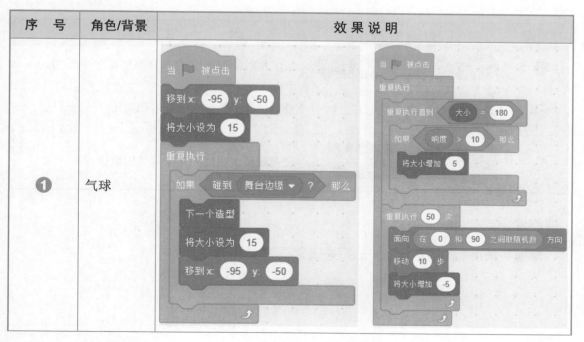

（续表）

序　号	角色/背景	效 果 说 明
❷	背景	当 ▶ 被点击 重复执行 播放声音 Dance Celebrate ▾ 等待播完

课后练习：

通过添加多个气球角色，更改气球飘远的方向和速度。你能编写一段漫天气球飞舞的程序吗？

09 打靶

带着问题学：

在 Scratch 3.0 中，视频侦测是怎么用的？

核心指令：

序　号	指令图示	说　明
❶	相对于 角色 ▾ 的视频 运动 ▾	侦测相对于舞台/角色，视频运动的距离/方向
❷	开启 ▾ 摄像头	设置计算机摄像头的开启和关闭
❸	将视频透明度设为 50	设置视频透明度为某个具体的数值

核心知识：

理解与使用视频侦测模块中的相关指令。

💗 **今日任务:**

制作《打靶》项目

1. 任务说明:

利用视频侦测相关指令控制弓箭,射击移动的靶子。

2. 任务分析:

序　号	角色/背景	效 果 说 明
❶	箭	设定一个阈值控制箭是否发射,如果是将箭从下往上发射出去;如果碰到靶子,就切换靶子的造型为中箭;否则静止等待
❷	弓	同步视频侦测效果,切换发射/正常造型
❸	靶子	在某竖直方向上水平移动,碰到边沿就反弹
❹	背景	设定合适的音效响度,配置背景音乐,并重复播放

3. 场景搭建:

背景:背景库→选择背景→ Woods →双击添加。

上传箭／弓／靶子 3 个角色:

角色→从本地上传→选择本地箭／弓／靶子角色位置→单击添加。

完整场景:

4. 编写程序：

序 号	角色/背景	效 果 说 明
❶	箭	**当 ▶ 被点击** 移到 x: 0 y: -150 显示 重复执行 　如果 ◉◀ 相对于 角色▾ 的视频 运动▾ > 70 那么 　　播放声音 Jump▾ 等待播完 　　重复执行 30 次 　　　将y坐标增加 10 　　　如果 碰到 靶▾ ? 那么 　　　　等待 0.1 秒 　　　　隐藏 　　移到 x: 0 y: -150 　　等待 0.5 秒 　　显示
❷	弓	**当 ▶ 被点击** 移到 x: 0 y: -130 换成 弓▾ 造型 重复执行 　换成 弓▾ 造型 　如果 ◉◀ 相对于 角色▾ 的视频 运动▾ > 70 那么 　　换成 弓2▾ 造型 　　等待 1 秒

（续表）

序　号	角色/背景	效 果 说 明
❸	靶子	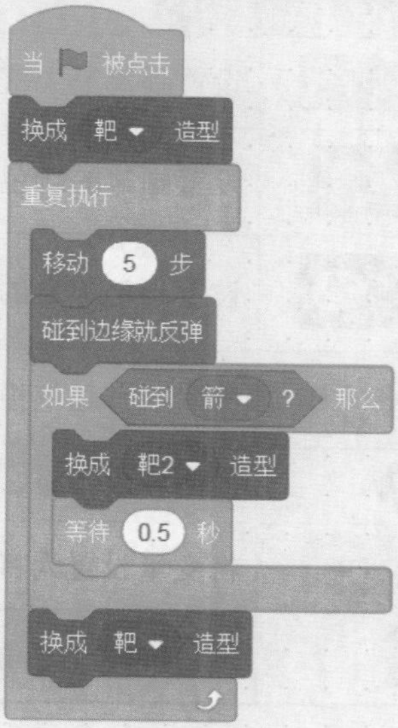 当 ▶ 被点击 换成 靶 ▾ 造型 重复执行 　移动 5 步 　碰到边缘就反弹 　如果 碰到 箭 ▾ ? 那么 　　换成 靶2 ▾ 造型 　　等待 0.5 秒 　换成 靶 ▾ 造型
❹	背景	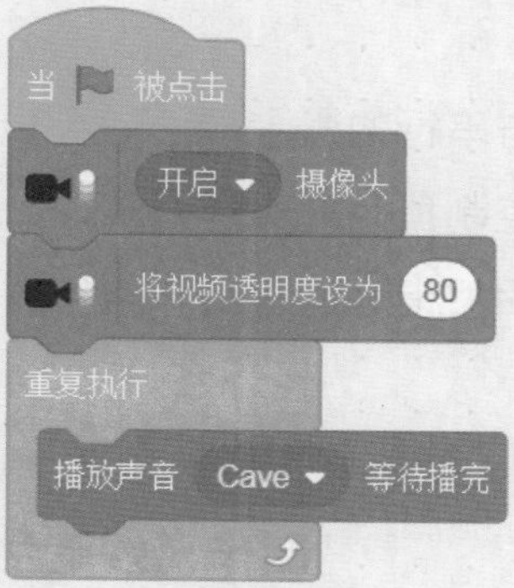 当 ▶ 被点击 📷 开启 ▾ 摄像头 📷 将视频透明度设为 80 重复执行 　播放声音 Cave ▾ 等待播完

💛 **课后练习：**

　　任务说明：梳理今日任务，不看提示完整实现《打靶》项目。完成后可自行改编程序，实现更加丰富的效果。

🐞 10　妙笔生花

带着问题学：

1. 如何使用画笔和旋转角度进行绘画？

2. 画笔模块中的脚本指令有什么用途？

💗 **核心指令**：

序 号	指令图示	说 明
❶	  落笔　　抬笔	设置画笔笔尖落下与抬起，实现移动绘制与移动不绘制效果
❷	 将笔的颜色设为 ◯	设置画笔的颜色
❸	 将笔的粗细设为 1	设置画笔笔尖的粗细
❹	 全部擦除	擦除所有画笔模块生成的内容
❺	 按下 空格 ▾ 键?	侦测模块指令，用于侦测某个按键是否被按下
❻	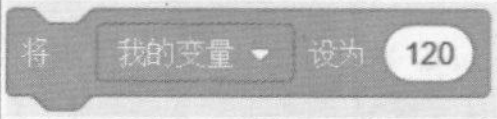 将 我的变量 ▾ 设为 120	将变量设置为特定值
❼	 右转 ↻ 角度 度	角色旋转一定角度

💗 **核心知识**：

1. 了解程序并行与串行的概念。

2. 学会两种按键控制角色的实现方式。

3. 熟悉画笔模块相关指令的含义与常用方法。

💗 **今日任务**：

制作《妙笔生花》项目

1. 任务说明：

实现画笔在舞台中自由绘制图形的效果，并配置场景音效。

2. 任务分析：

序 号	角色/背景	效果说明
❶	画笔	1. 按下空格键，画一幅图画 2. 按下z键，画一幅正方形图画 3. 按下s键，画一幅三角形图画 4. 使用上下左右键控制画笔分别以按键方向移动
❷	背景	清除之前的画笔痕迹，设定合适的音效响度，配置背景音乐，并重复播放

3. 场景搭建：

角色：角色库→ Pencil →单击添加。

完整场景：

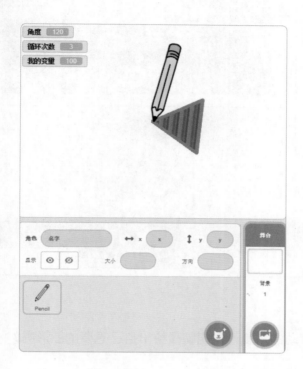

4. 编写程序：

序　号	角色/背景	效　果　说　明
❶	画笔	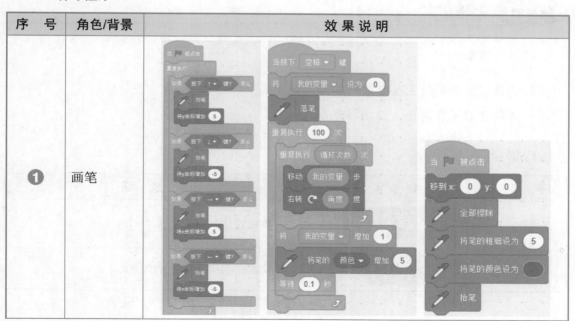

（续表）

序 号	角色/背景	效 果 说 明
①	画笔	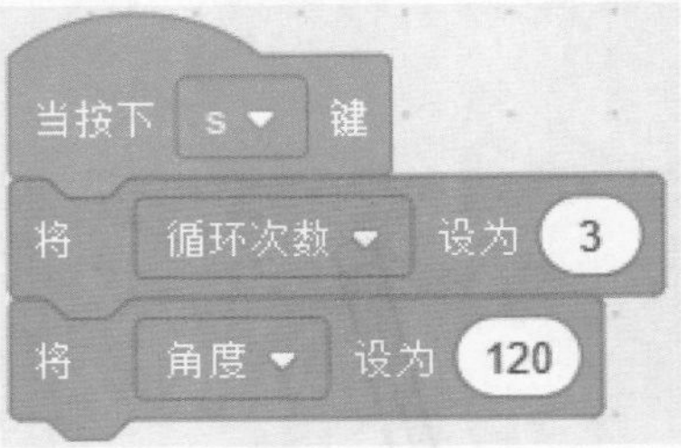 当按下 s ▼ 键 / 将 循环次数 ▼ 设为 3 / 将 角度 ▼ 设为 120 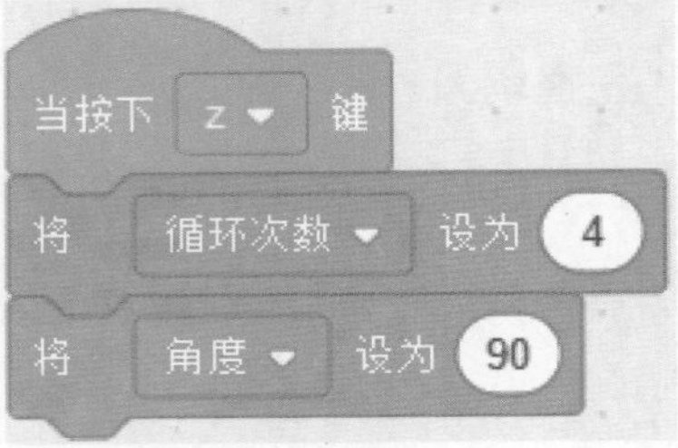 当按下 z ▼ 键 / 将 循环次数 ▼ 设为 4 / 将 角度 ▼ 设为 90
②	背景	 当 ▶ 被点击 / 全部擦除 / 重复执行 / 播放声音 Dance Magic ▼ 等待播完

课后练习：

通过调整画笔移动的角度，你能编程绘出自己想要的图形吗？

11 蛙蚊大战

带着问题学：

1. 如何实现青蛙吐舌头吃蚊子的动画效果？

2. 如何让蚊子在舞台上自由移动？

核心指令：

序 号	指令图示	说 明
①	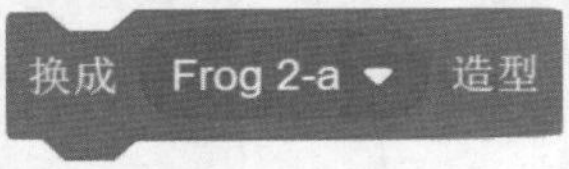 换成 Frog 2-a ▼ 造型	换成设定的造型
②	 碰到颜色 ？	侦测是否碰到设定的颜色

（续表）

序　号	指令图示	说　明
❸	按下　空格 ▼　键?	是否按下空格键
❹	在　1　秒内滑行到　随机位置 ▼	在设定的时间内滑行到随机位置

💙 **核心知识：**

1. 巧用隐藏、显示完成想要的效果。
2. 学会编程来实现蚊子的随机移动。

💙 **今日任务：**

制作《蛙蚊大战》项目

1. 任务说明：

切换蛙的造型，吐舌头吃自由移动的蚊子。

2. 任务分析：

序　号	角色/背景	效果说明
❶	蛙	1. 切换造型，实现蚊子的动态效果 2. 吐舌头吃蚊子
❷	蚊子1	1. 在舞台上随机飞行 2. 碰到蛙就消失
❸	蚊子2	1. 在舞台上随机飞行 2. 碰到蛙就消失
❹	蚊子3	1. 在舞台上随机飞行 2. 碰到蛙就消失
❺	蚊子4	1. 在舞台上随机飞行 2. 碰到蛙就消失
❻	背景	设定合适的音效响度，配置背景音乐，并重复播放

3. 场景搭建：

背景：背景库→ Blue Sky →双击添加。

角色：角色→动物→ frog →单击添加。

角色→绘制→蚊子→单击添加。

完整场景：

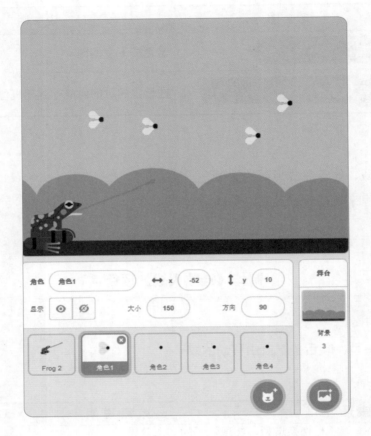

4. 编写程序：

序　号	角色/背景	效 果 说 明
❶	蛙	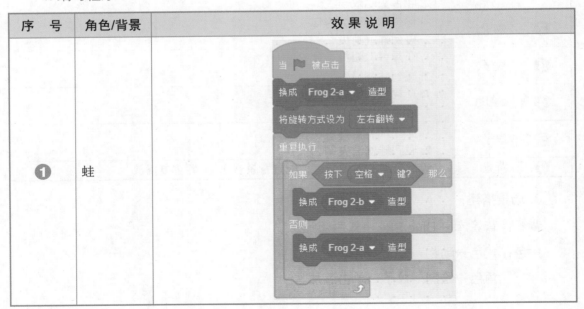

（续表）

序 号	角色/背景	效 果 说 明
❷	蚊子1	
❸	蚊子2	
❹	蚊子3	
❺	蚊子4	

（续表）

序　号	角色/背景	效 果 说 明
⑥	背景	

♥ **课后练习：**

设计青蛙的移动方向和速度，你能编写一个青蛙捕虫的游戏吗？

🐞12 诗歌朗诵

带着问题学：

1. 如何使用 Scratch 3.0 实现语言翻译与播报效果？
2. 如何使用 Scratch 3.0 广播相关的脚本指令实现角色互动效果？

♥ **核心指令：**

序　号	指令图示	说　明
①	 朗读 hello	控制角色朗读某段文字内容
②	 使用 中音 噪音	设置以某种嗓音效果进行朗读
③	 将朗读语言设置为 English	设置朗读语言
④	 将 你好 译为 阿拉伯语	文字翻译
⑤	 广播 消息1	广播一条消息给所有角色
⑥	 当接收到 消息1	事件指令，当接收到广播消息时执行

核心知识：

熟悉拓展模块中翻译与文字朗读相关指令的含义与用法。

今日任务：

制作《诗歌朗诵》项目

1. 任务说明：

将经典古诗《静夜思》翻译成英文并朗诵出来，并配置字幕效果。

2. 任务分析：

序　号	角色/背景	效 果 说 明
❶	朗诵者Wizard	逐句朗诵《静夜思》
❷	字幕播报Bell	同步字幕播报

3. 场景搭建：

背景：背景库→选择背景→ Cancert →双击添加。

角色：角色库→选择 Wizard、Bell 角色→单击添加。

完整场景：

4. 编写程序:

序 号	角色/背景	效 果 说 明
❶	Wizard	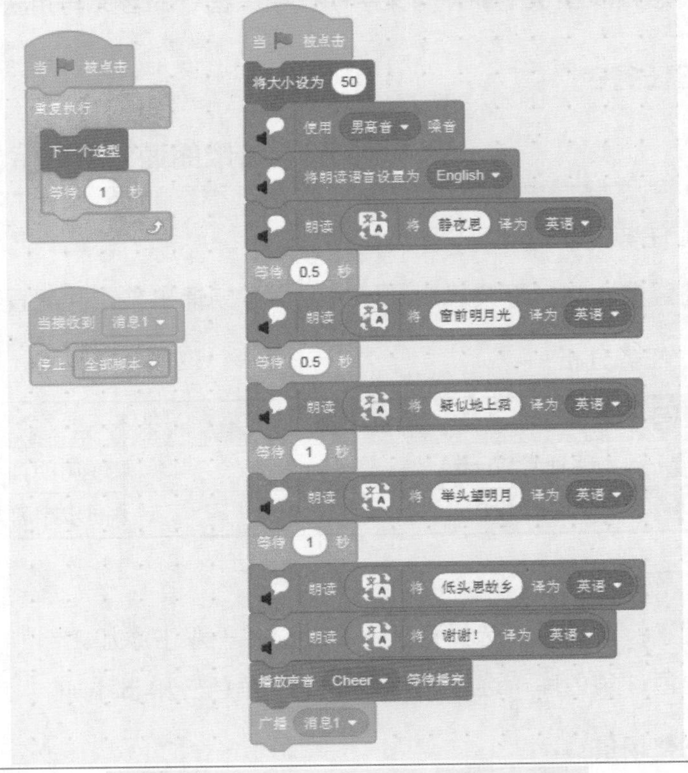 当 ▶ 被点击 重复执行 下一个造型 等待 1 秒 当接收到 消息1 停止 全部脚本 当 ▶ 被点击 将大小设为 50 使用 男高音 ▾ 噪音 将朗读语言设置为 English ▾ 朗读 将 静夜思 译为 英语 ▾ 等待 0.5 秒 朗读 将 窗前明月光 译为 英语 ▾ 等待 0.5 秒 朗读 将 疑似地上霜 译为 英语 ▾ 等待 1 秒 朗读 将 举头望明月 译为 英语 ▾ 等待 1 秒 朗读 将 低头思故乡 译为 英语 ▾ 朗读 将 谢谢! 译为 英语 ▾ 播放声音 Cheer ▾ 等待播完 广播 消息1 ▾
❷	Bell	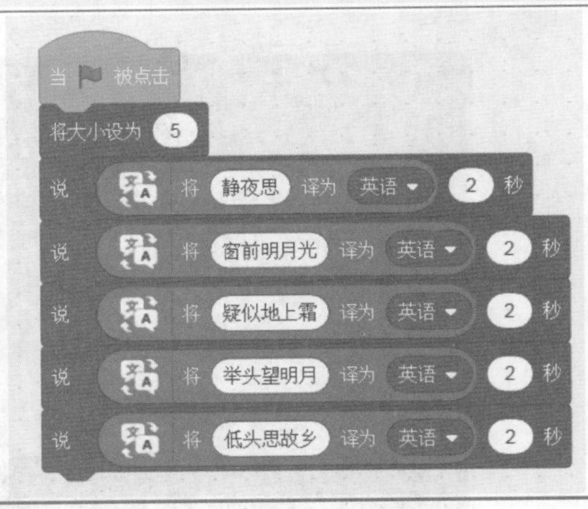 当 ▶ 被点击 将大小设为 5 说 将 静夜思 译为 英语 ▾ 2 秒 说 将 窗前明月光 译为 英语 ▾ 2 秒 说 将 疑似地上霜 译为 英语 ▾ 2 秒 说 将 举头望明月 译为 英语 ▾ 2 秒 说 将 低头思故乡 译为 英语 ▾ 2 秒

♥ 课后练习:

任务说明:梳理今日任务,不看提示完整实现《诗歌朗诵》项目。完成后可自行改编程序,实现更加丰富的效果。

13 亡命逃亡

带着问题学：

1. 如何实现兔子跟随横杆一起移动？

2. 如何使用"克隆"指令实现角色的复制效果？

核心指令：

序　号	指令图示	说　明
①	广播 结束 ▼	针对某个/所有角色广播一条消息
②	当接收到 结束 ▼	当接收到某条消息时，执行某段程序
③	当作为克隆体启动时	一般搭配上述指令一起使用，定义新克隆体的外观和动作
④	删除此克隆体	删除复制体
⑤	停止 全部脚本 ▼	停止程序执行
⑥	将 逃离层 ▼ 设为 0	将变量赋值
⑦	将 逃离层 ▼ 增加 1	将变量增加1

核心知识：

1. 了解变量模块中脚本指令的含义及常见用法。

2. 学会编程实现用键盘按键来控制角色的移动。

3. 学会使用克隆指令来实现角色的复制。

❤ **今日任务：**

制作《亡命逃亡》项目

1. 任务说明：

控制 Hare 左右移动，防止 Hare 从横杆上掉下来。

2. 任务分析：

序 号	角色/背景	效 果 说 明
❶	Hare	1. 切换造型，实现兔子的动态效果 2. 碰到舞台边缘，游戏结束 3. 碰到横杆就随着横杆向上运动
❷	Paddle	1. 随机出现在舞台底部 2. 碰到舞台上部就消失
❸	文字	游戏结束显示到舞台上
❹	背景	设定合适的音效响度，配置背景音乐，并重复播放

3. 场景搭建：

背景：背景库→选择背景→ Stripes →双击添加。

角色：角色库→动物→ Hare/Paddle →单击添加。

　　　绘制→文字→ GAME OVER →单击添加。

完整场景：

4.编写程序：

序　号	角色/背景	效 果 说 明
❶	Hare	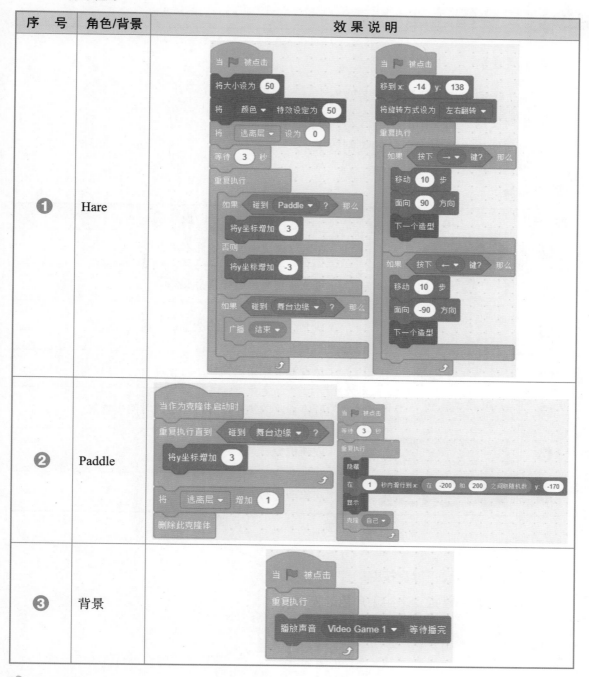
❷	Paddle	
❸	背景	

💗 **课后练习：**

通过添加计分变量，达到一定分值就加快兔子下降的速度和横杆移动的速度，你能编写一个有困难等级的亡命逃亡的游戏吗？

14 金蛋速递

带着问题学：

1. 两个玩家如何共同玩一款游戏？

2. 如何使用时间控制游戏的开始和结束？

3. 如何使用克隆实现角色的复制效果？

核心指令：

序 号	指令图示	说　明
❶	不成立	在运算模块中设定条件不成立
❷	+	角色碰到舞台边缘就会反弹
❸	当作为克隆体启动时	从上往下切换角色的造型
❹	停止 全部脚本 ▾	是否触碰到指定物体
❺	将 时间 ▾ 增加 1	暂停程序的执行，等待一定的时间后恢复
❻	将 时间 ▾ 设为 0	取随机数
❼	说 时间到! 2 秒	角色的朝向方向

核心知识：

1. 学会编程实现用键盘按键来控制角色的移动。

2. 学会使用克隆指令来实现角色的复制。

今日任务：

制作《金蛋速递》项目

1. 任务说明：

控制两个篮子左右移动，接住不断下落的鸡蛋。

2. 任务分析：

序　号	角色/背景	效 果 说 明
❶	鸡蛋	1. 随机出现在母鸡下方，下落鸡蛋 2. 碰到篮子就增加相应玩家的分数 3. 碰到篮子消失
❷	篮子1	1. 按a/d键，控制篮子的移动 2. 设定游戏时间，初始化分数
❸	篮子2	1. 按左右键，控制篮子的移动 2. 设定游戏时间，初始化分数
❹	背景	设定合适的音效响度，配置背景音乐，并重复播放

3. 场景搭建：

背景：上传背景图→双击添加。

角色：上传篮子 1/ 篮子 2 角色→单击添加。

完整场景：

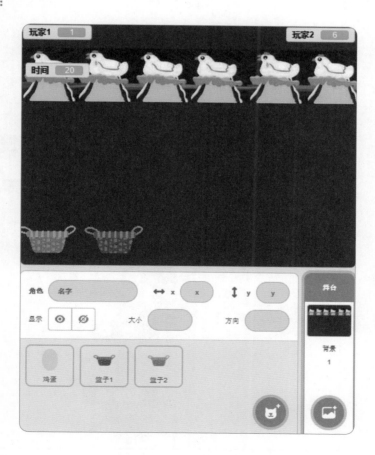

4. 编写程序：

序　号	角色/背景	效 果 说 明
❶	鸡蛋	
❷	篮子1	

（续表）

序　号	角色/背景	效 果 说 明
❸	篮子2	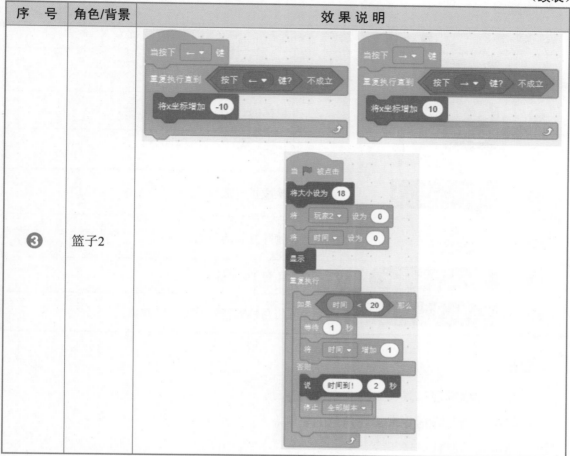

💗 **课后练习：**

通过更改鸡蛋下降的速度，你能编写一个难度更大的金蛋速递游戏吗？

🐞15 砖块挑战

带着问题学：

1. 如何实现用鼠标控制角色的移动？

2. 如何使用克隆指令来实现角色的复制效果？

💗 **核心指令：**

序　号	指令图示	说　明
❶	广播 lose ▼	广播一条消息给所有角色
❷	鼠标的x坐标	鼠标的x坐标
❸	停止 这个脚本 ▼	停止程序
❹	换成 关闭 ▼ 造型	换成指定造型
❺	删除此克隆体	删除复制的角色
❻	挡板 ▼ 的 x坐标 ▼	角色的x坐标
❼	将 ghost ▼ 特效设定为 100	将角色的特效设定一定数值

💗 **核心知识：**

1. 学会编程实现用鼠标来控制角色的移动。

2. 学会使用克隆指令来实现角色的复制。

3. 学会使用鼠标单击指令。

💗 **今日任务：**

制作《砖块挑战》项目

1. 任务说明：

单击鼠标使小球动起来撞击砖块，当小球碰到彩砖时，彩砖消失。

2. 任务分析：

序　号	角色/背景	效　果　说　明
❶	挡板	跟随鼠标移动
❷	小球	鼠标单击开始跳动
❸	彩砖	1. 复制自己显示到舞台上 2. 碰到小球就消失

（续表）

序　号	角色/背景	效　果　说　明
❹	生命条	小球消失一次，减少一次生命值
❺	背景	1. 当游戏失败时更换为失败背景，当游戏胜利时更换为胜利背景 2. 每5秒增加一次小球的速度 3. 添加合适的背景音效

3. 场景搭建：

背景：背景库→Backdrop→双击添加。

上传挡板/小球/彩砖/生命条角色。

完整场景：

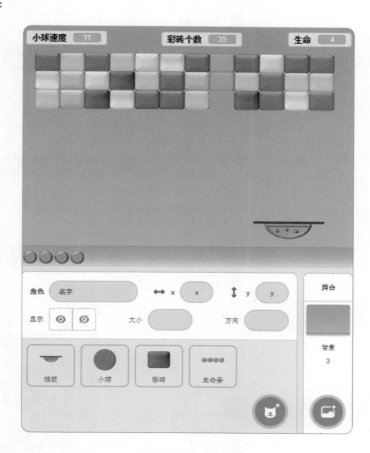

4. 编写程序：

序 号	角色/背景	效 果 说 明
❶	挡板	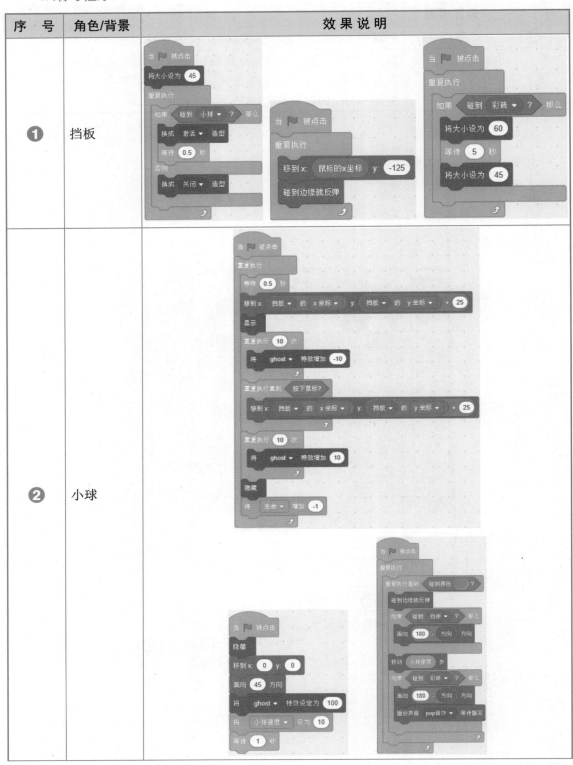
❷	小球	

（续表）

序　号	角色/背景	效 果 说 明
❸	彩砖	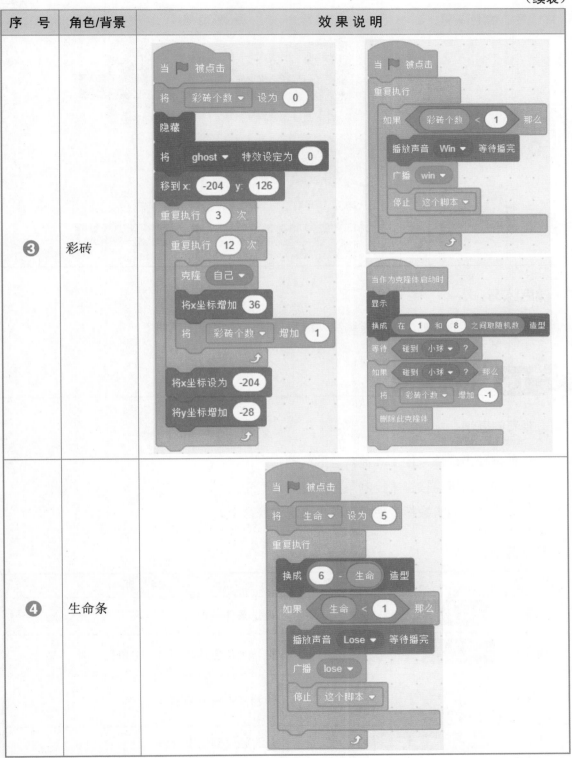
❹	生命条	

（续表）

序　号	角色/背景	效果说明
❺	背景	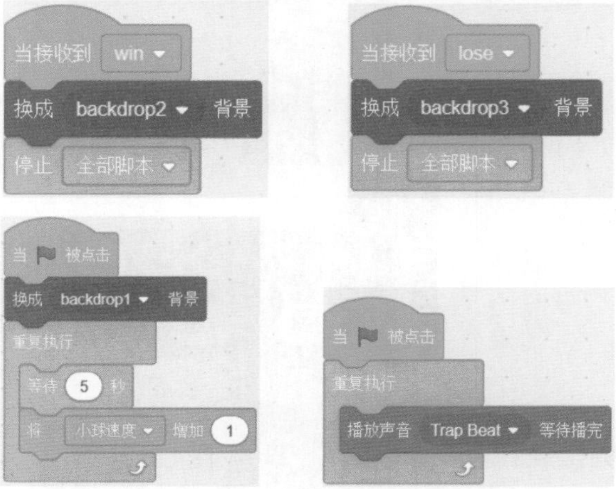

课后练习：

在原有程序的基础上，你能编写一段程序使彩砖缓慢下落吗？

16 飞机大战

带着问题学：

1. 如何使用广播来控制其他角色的运动？

2. 如何使用键盘按键来控制角色的移动？

3. 如何使用随机数指令使角色随机出现在舞台上？

核心指令：

序　号	指令图示	说　明
❶	 按下 ← ▼ 键? 不成立	设定条件是否成立
❷	 移到 主机 ▼	把一个角色移动到另一个角色上面
❸	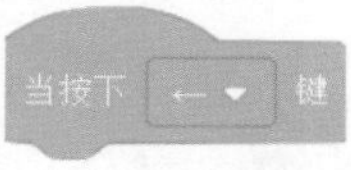 当按下 ← ▼ 键	侦测是否按下某键
❹	 碰到 Magic Wand ▼ ?	是否触碰到指定物体

（续表）

序　号	指令图示	说　明
⑤	等待 1 秒	暂停程序的执行，等待一定的时间后恢复
⑥	在 1 和 10 之间取随机数	取随机数
⑦	面向 90 方向	角色的朝向方向

核心知识：

1. 了解事件模块中广播脚本指令的含义及常见用法。

2. 学会编程实现用按键来控制角色的移动。

今日任务：

制作《飞机大战》项目

1. 任务说明：

控制主机左右移动，按下空格键发射火球弹，轰炸敌机。

2. 任务分析：

序　号	角色/背景	效 果 说 明
①	主机	按下上下左右键进行上下左右的移动
②	火球弹	1. 按下空格键发射火球弹 2. 碰到敌机消失，分数加一 3. 碰到舞台边缘消失
③	敌机	1. 碰到主机，游戏结束 2. 随机出现在舞台上边缘 3. 碰到舞台边缘就消失
④	文字	游戏结束显示

3. 场景搭建：

背景：背景库→ Stars →双击添加。

上传主机／火弹球／敌机角色。

完整场景:

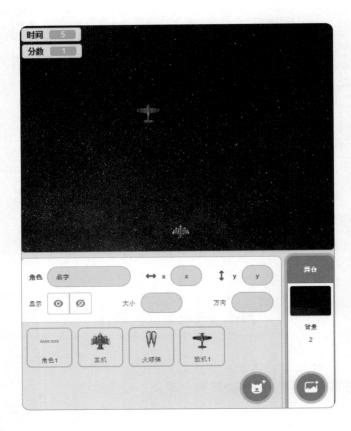

4. 编写程序:

序　号	角色/背景	效 果 说 明
❶	主机	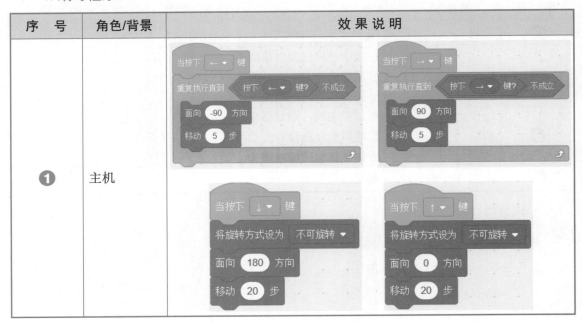

（续表）

序　号	角色/背景	效 果 说 明
❷	火球弹	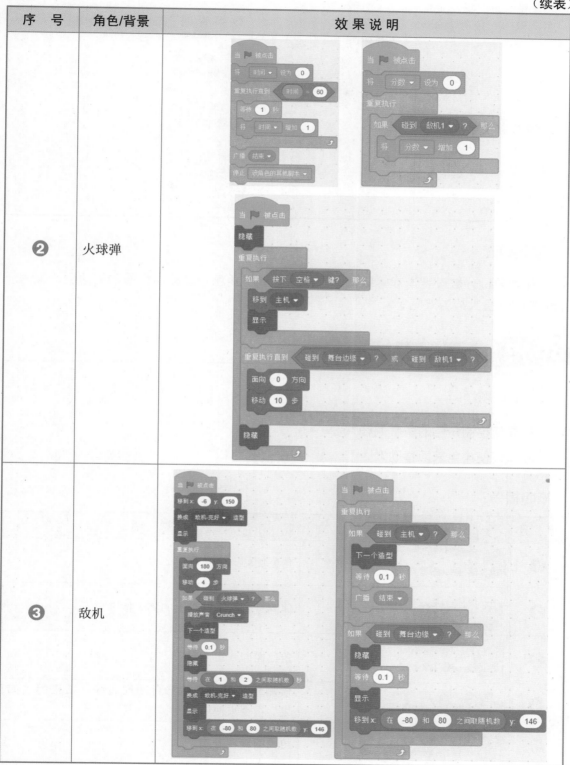
❸	敌机	

（续表）

序　号	角色/背景	效果说明
❹	文字	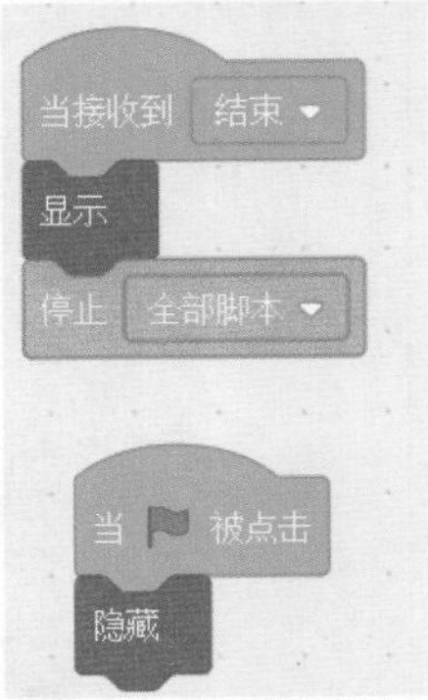当接收到 结束 显示 停止 全部脚本 当 被点击 隐藏

课后练习：

你能通过分数设定游戏等级，添加不同的战机角色，设置角色移动的速度，编写一个全新的飞机大战游戏吗？

17 兔子保卫战

带着问题学：

1. 如何控制角色的角度偏移？

2. 如何使角色来回移动？

核心指令：

序　号	指令图示	说　明
❶	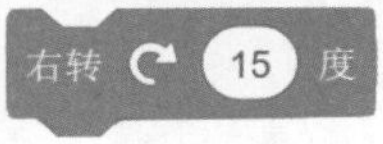右转 15 度	角色旋转一定角度
❷	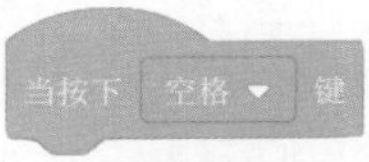当按下 空格 键	侦测是否按下键盘上的某个按键
❸	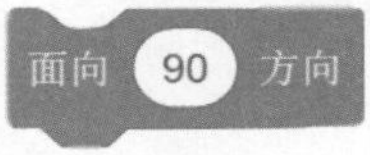面向 90 方向	角色面向一定方向
❹	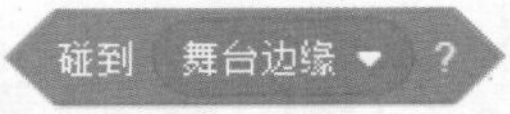碰到 舞台边缘 ?	侦测角色是否到达舞台四周边缘，常搭配“如果”指令来使用
❺	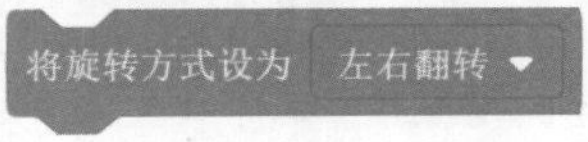将旋转方式设为 左右翻转	角色的旋转方式

♥ **核心知识：**

    1. 学会使用侦测指令。

    2. 学会编程来实现角色的旋转。

♥ **今日任务：**

制作《兔子保卫战》项目

1. 任务说明：

    兔子保卫战项目是一款软硬件结合的编程项目，可以使用手柄操控扫帚赶跑老鹰，保卫兔子。

    2. 任务分析：

序　号	角色/背景	效 果 说 明
❶	Dinosaur3	1. 老鹰不断变化造型 2. 老鹰碰到扫把则向上移动，碰到边缘则反弹
❷	Rabbit	1. 兔子在屏幕上来回移动 2. 兔子碰到老鹰则消失
❸	Rabbit2	1. 兔子在屏幕上来回移动 2. 兔子碰到老鹰则消失
❹	Rabbit3	1. 兔子在屏幕上来回移动 2. 兔子碰到老鹰则消失
❺	Broom	1. 按下左键，向左旋转 2. 按下右键，向右旋转
❻	背景	播放音乐

    注意：本例的老鹰素材在 Scratch 素材库里没有，所以选了形象上类似的 Dinosaur（恐龙）素材。

    3. 场景搭建：

    背景：背景库→ Blue Sky →双击添加。

    角色：角色库→ Rabbit、Rabbit2、Rabbit3、Broom →单击添加。

完整场景：

4. 编写程序：

序　号	角色/背景	效 果 说 明
❶	Dinosaur3	当 ▶ 被点击 将旋转方式设为 左右翻转 ▼ 重复执行 　移动 10 步 　碰到边缘就反弹 当 ▶ 被点击 重复执行 　下一个造型 　等待 0.2 秒 当 ▶ 被点击 重复执行 　如果 碰到 Broom ▼ ? 那么 　播放声音 Big Boing ▼ 　面向 在 -60 和 60 之间取随机数 方向
❷	Rabbit	当 ▶ 被点击 显示 将旋转方式设为 左右翻转 ▼ 重复执行 　移动 10 步 　下一个造型 　碰到边缘就反弹 　等待 0.1 秒 　如果 碰到 Dinosaur3 ▼ ? 那么 　隐藏

（续表）

序　号	角色/背景	效　果　说　明
❸	Rabbit2	
❹	Rabbit3	
❺	Broom	

❤ 课后练习：

如果更改左转 1 度的指令的数值，会有什么样的变化？

18 沙漠荒鼠

带着问题学：

1. 如何使用键盘按键来控制角色的移动？

2. 如何使用侦测指令进行判断？

核心指令：

序 号	指令图示	说 明
1	移到 x: -137 y: -119	移到舞台上的某个位置
2	当按下 空格 ▼ 键	侦测是否按下键盘上的某个按键
3	面向 90 方向	角色面向一定方向
4	碰到 舞台边缘 ▼ ?	侦测角色是否到达舞台四周边缘，常搭配"如果"指令来使用
5	将旋转方式设为 左右翻转 ▼	角色的旋转方式
6	将x坐标增加 10	若指令里面的数值为正数，则向右移动；若指令里面的数值为负数，则向左移动

核心知识：

1. 学会使用侦测指令。

2. 学会编程实现角色在一段距离内来回移动。

今日任务：

制作《沙漠荒鼠》项目

1. 任务说明：

沙漠荒鼠是一款迷宫类游戏项目，游戏者使用手柄控制老鼠穿过动态的迷宫，走出迷宫。

2. 任务分析：

序　号	角色/背景	效　果　说　明
①	Watermelon	每0.5秒更改一下造型
②	Mouse1	1. 按下上下左右键移动老鼠通过迷宫找到西瓜 2. 找到西瓜说我成功了 3. 如果碰到迷宫墙就回到起始点
③	Wand6	1. 向右移动1，重复执行50次 2. 向左移动1，重复执行50次
④	Wand8	1. 向下移动1，重复执行50次 2. 向上移动1，重复执行50次
⑤	背景	播放音乐

3. 场景搭建：

背景：背景库→ Blue Sky →双击添加。

角色：角色库→ Watermelon、Mouse1、Wand6、Wand8 →单击添加。

完整场景：

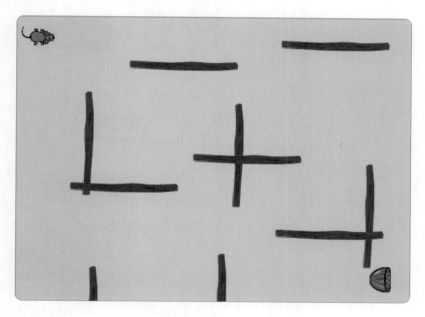

4.编写程序:

序　号	角色/背景	效　果　说　明
❶	Watermelon	当 ▐ 被点击 重复执行 下一个造型 等待 0.5 秒
❷	Mouse1	当按下 ↑ 键　面向 0 方向　移动 5 步 当按下 → 键　面向 90 方向　移动 5 步 当按下 ↓ 键　面向 180 方向　移动 5 步 当按下 ← 键　面向 -90 方向　移动 5 步 当 ▐ 被点击 移到 x: -215 y: 157 重复执行 如果 碰到颜色 ● ？ 那么 移到 x: -215 y: 157 如果 碰到 Watermelon ？ 那么 播放声音 pop 等待播完 说 噢耶~我成功了! 2 秒

（续表）

序　号	角色/背景	效　果　说　明
❸	Wand6	当 ▶ 被点击 重复执行 　重复执行 30 次 　　将x坐标增加 1 　　等待 0.1 秒 　重复执行 30 次 　　将x坐标增加 -1 　　等待 0.1 秒
❹	Wand8	当 ▶ 被点击 重复执行 　重复执行 50 次 　　将y坐标增加 -1 　　等待 0.1 秒 　重复执行 50 次 　　将y坐标增加 1 　　等待 0.1 秒
❺	背景	当 ▶ 被点击 重复执行 　播放声音 Dubstep ▼ 等待播完

♥ **课后练习：**

更改程序，使用 w、a、s、d 按键控制老鼠上下移动。

19 深海巨鲨

带着问题学：

1. 如何使角色在一定时间内移动到随机位置？

2. 如何使用按键切换角色的造型？

核心指令：

序　号	指令图示	说　明
①	换成 造型1 ▼ 造型	换成设定的造型
②	按下 空格 ▼ 键？	侦测是否按下键盘上的某个按键
③	面向 90 方向	角色面向一定方向
④	碰到 舞台边缘 ▼ ？	侦测角色是否到达舞台四周边缘，常搭配"如果"指令来使用
⑤	我的变量	变量名
⑥	将 我的变量 ▼ 设为 0	给变量赋值
⑦	在 1 秒内滑行到 随机位置 ▼	在设定的时间内滑行到随机位置

核心知识：

1. 学会使用变量模块指令。

2. 学会编程实现角色造型的切换。

今日任务：

制作《深海巨鲨》项目

1. 任务说明：

深海巨鲨是一款捕食类游戏项目，游戏者需要使用手柄控制鲨鱼捕食小鱼。

2. 任务分析：

序　号	角色/背景	效果说明
❶	Fish	1. 在3秒内滑行到随机位置 2. 如果碰到鲨鱼，就消失。等待一段时间后重新显示
❷	Fish2	1. 在2秒内滑行到随机位置 2. 如果碰到鲨鱼，就消失。等待一段时间后重新显示
❸	Fish3	1. 在2秒内滑行到随机位置 2. 如果碰到鲨鱼，就消失。等待一段时间后重新显示
❹	Shark2	1. 按下上下左右键移动鲨鱼 2. 按下a键改变鲨鱼的造型 3. 根据吃鱼的数量，增加鲨鱼的体积大小
❺	背景	播放音乐

3. 场景搭建：

背景：背景库→ Underwater 1 →双击添加。

角色：角色库→ Fish、Fish2、Fish3、Shark2 →单击添加。

完整场景：

4. 编写程序：

序 号	角色/背景	效 果 说 明
❶	Fish	
❷	Fish2	

（续表）

序　号	角色/背景	效 果 说 明
❸	Fish3	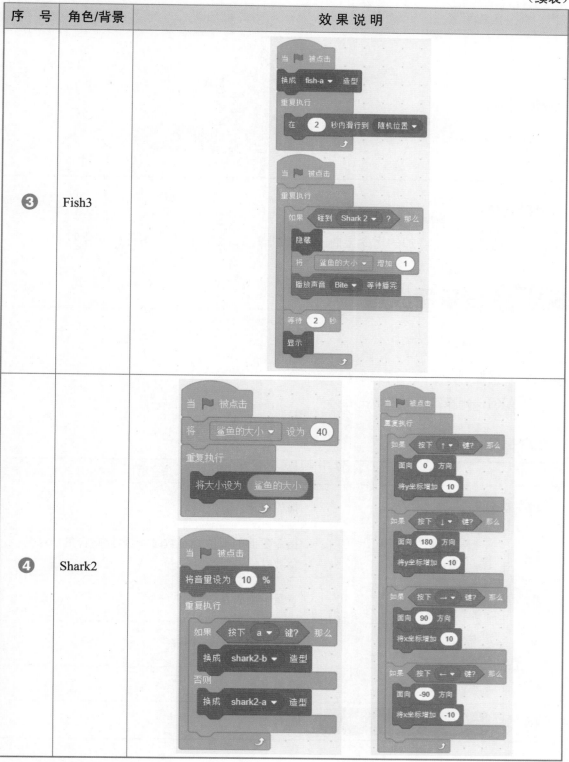
❹	Shark2	

（续表）

序　号	角色/背景	效　果　说　明
⑤	背景	

课后练习：

如果将鲨鱼大小增加的指令里面的数值更改为负数，程序会有什么变化吗？

20 音乐播放器

带着问题学：

1. 如何控制音乐声音的大小？

2. 如何使用按键控制播放的音乐？

核心指令：

序　号	指　令　图　示	说　明
❶	播放声音 喵 ▾	播放声音
❷	将音量增加 -10	指令里面的数值为正数时，则提高音量；数值为负数时，则降低音量
❸	将音量设为 100 %	音量响度的百分比
❹	停止所有声音	停止程序里所有的声音
❺	我的变量	变量名称
❻	在 1 和 9 之间取随机数	随机数

❤ **核心知识：**

1. 学会使用声音模块中的指令。
2. 学会编程实现音乐的切换。

❤ **今日任务：**

制作《音乐播放器》项目

1. 任务说明：

音乐播放器项目是一款应用类项目，需要编程者通过编程来实现音调控制、歌曲切换和随机播放模式。

2. 任务分析：

序　号	角色/背景	效　果　说　明
❶	Radio	1. 按下↑键，把音乐音量增加10。按下↓键，把音乐音量减少10 2. 按下←键，播放上一曲。按下→键，播放下一曲 3. 按下c键，随机播放音乐 4. 当音乐播放的时候，每0.2秒更改一下角色的造型

3. 场景搭建：

背景：背景库→ Concert →双击添加。

角色：角色库→ Radio →单击添加。

完整场景：

4. 编写程序:

序　号	角色/背景	效　果　说　明
❶	Radio	

💙 **课后练习:**

如何更改程序, 使得按下←键, 播放上一个音乐?

🐞21 青蛙大逃亡

带着问题学:

1. 如何使板子随机出现在舞台下方?

2. 如何使青蛙随着木板一起运动?

♥ **核心指令**：

序　号	指令图示	说　明
❶	移到 x: -137 y: -119	角色移动到舞台上的某个位置
❷	按下 空格 ▼ 键？	侦测是否按下键盘上的某个按键
❸	将y坐标增加 10	根据指令里面数值的正负值，将y坐标增加或减少
❹	碰到 舞台边缘 ▼ ？	侦测角色是否到达舞台四周边缘，常搭配"如果"指令来使用
❺	将旋转方式设为 左右翻转 ▼	角色的旋转方式
❻	停止 全部脚本 ▼	停止程序
❼	克隆 自己 ▼	克隆角色
❽	当作为克隆体启动时	当克隆体启动时

♥ **核心知识**：

1. 学会使用克隆指令。
2. 学会编程实现不同角色的同步运动。

♥ **今日任务**：

制作《青蛙大逃亡》项目

1. 任务说明：

青蛙大逃亡是一款动作类游戏，游戏者操控青蛙避免碰到舞台四周，系统统计逃离层。

2. 任务分析：

序　号	角色/背景	效果说明
❶	青蛙	1. 按下←箭，向左移动；按下→键，向右移动 2. 如果碰到木板，就随着板子一起运动 3. 如果碰到舞台边缘，游戏结束

（续表）

序 号	角色/背景	效 果 说 明
❷	木板	1. 出现在舞台下方的随机位置 2. 当克隆体出现时，木板向上移动，将逃离层增加1
❸	背景	播放背景音乐

3. 场景搭建：

背景：背景库→ Stripes2 →双击添加。

角色：角色库→青蛙、木板→单击添加。

完整场景：

4. 编写程序：

序 号	角色/背景	效 果 说 明
❶	青蛙	

（续表）

序 号	角色/背景	效 果 说 明
❷	木板	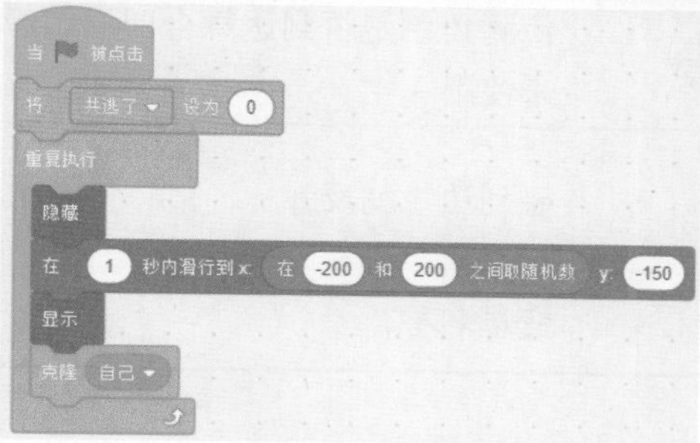 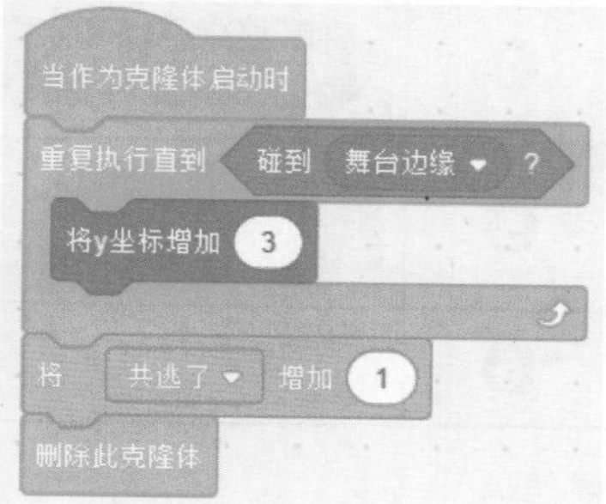
❸	背景	

❤ **课后练习：**

哪个指令可以使木板出现在舞台下方的随机位置？

22 灭鼠总动员

带着问题学：

1. 如何控制角色的移动方向和移动速度？

2. 如何使角色在一定的条件下变大？

❤ **核心指令：**

序 号	指令图示	说 明
❶	 将大小设为 100	设置角色体积的大小
❷	 当按下 空格 ▼ 键	侦测是否按下键盘上的某个按键
❸	 面向 90 方向	角色面向一定方向

（续表）

序 号	指令图示	说　明
④	碰到　舞台边缘 ▼　？	侦测角色是否到达舞台四周边缘，常搭配"如果"指令来使用
⑤	碰到边缘就反弹	碰到边缘就反弹
⑥	我的变量	变量名称

核心知识：

1. 学会使用随机数指令控制角色的运动。

2. 学会编程实现角色的大小变化。

今日任务：

制作《灭鼠总动员》项目

1. 任务说明：

在鼠害频生的房间中，游戏者使用手柄操控战猫捕捉老鼠。

2. 任务分析：

序 号	角色/背景	效 果 说 明
①	Cat	1. 按下↑、↓、←、→键移动猫去抓老鼠 2. 每吃到一只老鼠，猫的体积变大1
②	Mouse1	1. 老鼠在随机方向移动 2. 如果碰到猫，消灭鼠数加1，然后消失，等待一段时间重新显示
③	Mouse2	1. 老鼠在随机方向移动 2. 如果碰到猫，消灭鼠数加1，然后消失，等待一段时间重新显示
④	Mouse3	1. 老鼠在随机方向移动 2. 如果碰到猫，消灭鼠数加1，然后消失，等待一段时间重新显示
⑤	背景	播放音乐

3. 场景搭建：

背景：背景库→ Bedroom 1 →双击添加。

角色：角色库→ Cat、Mouse1、Mouse2、Mouse3 →单击添加。

完整场景：

4. 编写程序：

序　号	角色/背景	效 果 说 明
❶	Cat	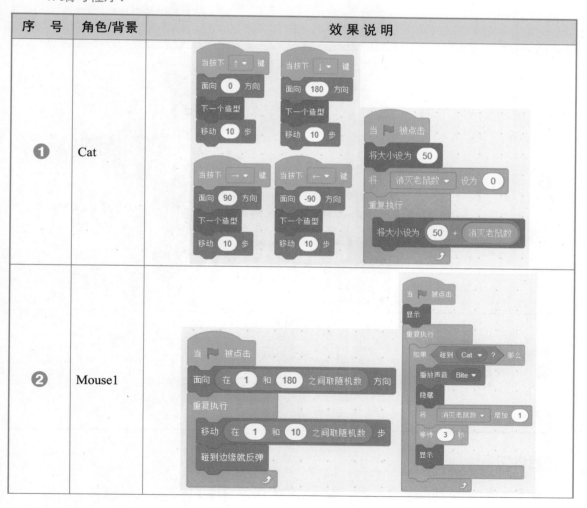
❷	Mouse1	

（续表）

序 号	角色/背景	效 果 说 明
③	Mouse2	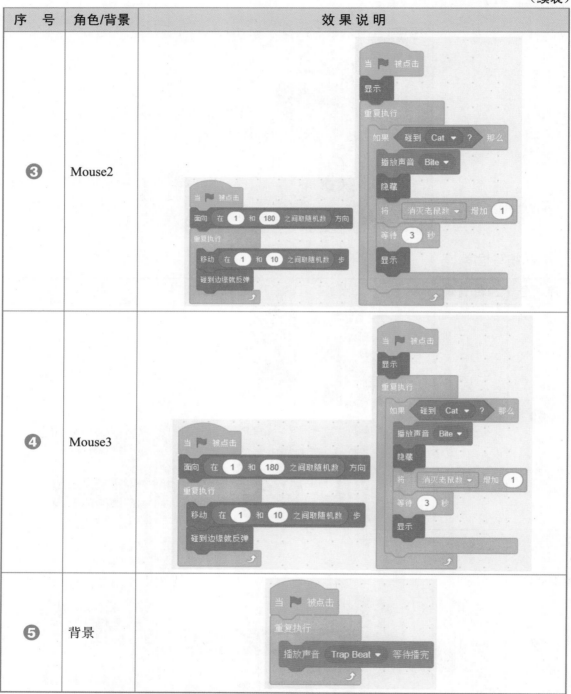
④	Mouse3	
⑤	背景	

♥ 课后练习：

在 Scratch 中，向上、下、左、右运动的方向分别是多少度？

 76

23 螃蟹太空站

带着问题学：

1. 如何控制角色从舞台上随机下落？

2. 如何使角色在特定的条件下消失？

核心指令：

序　号	指令图示	说　明
①	移到 x: -137 y: -119	移到舞台上某个位置
②	按下 空格 ▼ 键？	侦测是否按下键盘上的某个按键
③	◯ < 50	符号左边的数值小于右边的数值
④	显示　隐藏	角色显示或隐藏在舞台上
⑤	将y坐标增加 10	将角色向上移动或向下移动
⑥	我的变量	变量名
⑦	将 我的变量 ▼ 设为 0	给变量赋值

核心知识：

1. 学会使用侦测指令。

2. 学会编程实现角色的显示和隐藏。

今日任务：

制作《螃蟹太空站》项目

1. 任务说明：

螃蟹太空战，益智类游戏项目。游戏者需要从上方掉落的螃蟹代号中，使用手柄按下相应代号的螃蟹以进行消除。

2. 任务分析：

序　号	角色/背景	效　果　说　明
❶	Crab	1. 螃蟹等待随机时间向下运动 2. 如果螃蟹到了舞台下面，就消失 3. 如果按下与螃蟹身上一样的键盘按键，就消失
❷	Crab2	1. 螃蟹等待随机时间向下运动 2. 如果螃蟹到了舞台下面，就消失 3. 如果按下与螃蟹身上一样的键盘按键，就消失
❸	Crab3	1. 螃蟹等待随机时间向下运动 2. 如果螃蟹到了舞台下面，就消失 3. 如果按下与螃蟹身上一样的键盘按键，就消失
❹	Crab4	1. 螃蟹等待随机时间向下运动 2. 如果螃蟹到了舞台下面，就消失 3. 如果按下与螃蟹身上一样的键盘按键，就消失
❺	Crab5	1. 螃蟹等待随机时间向下运动 2. 如果螃蟹到了舞台下面，就消失 3. 如果按下与螃蟹身上一样的键盘按键，就消失
❻	背景	1. 播放音乐 2. 当游戏时间为零时，停止游戏

3. 场景搭建：

背景：背景库→ Moon →双击添加。

角色：角色库→ Crab、Crab2、Crab3、Crab4、Crab5 →单击添加。

完整场景：

4. 编写程序：

序　号	角色/背景	效　果　说　明
❶	Crab	
❷	Crab2	

（续表）

序　号	角色/背景	效果说明
❸	Crab3	
❹	Crab4	

（续表）

序　号	角色/背景	效　果　说　明
❺	Crab5	当 🚩 被点击 移到 x: 191 y: 118 等待 在 4 和 9 之间取随机数 秒 重复执行 　显示 　下一个造型 　将 y 坐标增加 -5 　如果 y 坐标 < -150 那么 　　隐藏 　　移到 x: 191 y: 118 　　将 得分 ▾ 增加 -1 　如果 按下 e ▾ 键? 那么 　　隐藏 　　移到 x: 191 y: 118 　　将 得分 ▾ 增加 1
❻	背景	当 🚩 被点击 将 得分 ▾ 设为 0 将 游戏时间 ▾ 设为 100 重复执行 100 次 　等待 1 秒 　将 游戏时间 ▾ 增加 -1 播放声音 Dance Energetic ▾ 等待播完 停止 全部脚本 当 🚩 被点击 重复执行 　播放声音 Dance Energetic ▾ 等待播完

❤ 课后练习：

你能改变程序，使螃蟹身上的字母变成数字吗？使用数字消灭螃蟹。

24 飞扬的小鸟

带着问题学：

1. 如何让水管一直从右向左运动？

2. 如何使角色在舞台上进行上下移动？

核心指令：

序　号	指令图示	说　明
①	将y坐标增加 10	若指令里面的数值为负数，则角色向下运动；若为正数，则角色向上运动
②	按下 空格 ▼ 键？	侦测是否按下键盘上的某个按键
③	克隆 自己 ▼	克隆角色
④	碰到 舞台边缘 ▼ ？	侦测角色是否到达舞台四周边缘，常搭配"如果"指令来使用
⑤	当作为克隆体启动时	当克隆体启动时
⑥	删除此克隆体	删除克隆体
⑦	广播 消息1 ▼	广播消息
⑧	停止 全部脚本 ▼	停止程序运行

核心知识：

1. 学会使用克隆指令。

2. 学会编程实现角色间的信息传递。

今日任务：

制作《飞扬的小鸟》项目

1. 任务说明：

经典运动类游戏项目，需使用手柄控制角色避免绿柱撞击。

2. 任务分析：

序　号	角色/背景	效 果 说 明
❶	小鸟	如果按下c键，小鸟就向上移动，否则小鸟向下移动
❷	水管	1. 水管从右向左移动 2. 如果移到舞台的最左边，就消失不见 3. 如果碰到小鸟，就广播消息
❸	Sprite1	1. 程序开始执行时，隐藏 2. 当接收到广播时，显示，并停止程序
❹	背景	播放音乐

3. 场景搭建：

背景：上传背景。

角色：上传角色。

完整场景：

4. 编写程序:

序 号	角色/背景	效 果 说 明
❶	小鸟	当 ▶ 被点击 移到 x: 0 y: 0 重复执行 如果 按下 c ▼ 键? 那么 将y坐标增加 3 否则 将y坐标增加 -3
❷	水管	当作为克隆体启动时 显示 移到 x: 240 y: 在 -80 和 80 之间取随机数 重复执行直到 x坐标 < -240 将x坐标增加 -2 如果 碰到 小鸟 ▼ ? 那么 广播 游戏结束 ▼ 删除此克隆体 当 ▶ 被点击 将 得分 ▼ 设为 0 隐藏 重复执行 克隆 自己 ▼ 等待 3 秒 将 得分 ▼ 增加 1
❸	Sprite1	当 ▶ 被点击 隐藏 当接收到 游戏结束 ▼ 显示 停止 全部脚本 ▼
❹	背景	当 ▶ 被点击 重复执行 播放声音 Video Game 1 ▼ 等待播完

💗 **课后练习:**

程序中哪些指令让水管每次出现的位置都不一样?

第 2 部分

项目制编程

01 极品飞车之狭路碰撞

带着问题学：

1. 如何控制障碍物随机出现在某个车道上？

2. 如何使车道运动起来？

核心指令：

序 号	指令图示	说 明
①	⬭ < 50	符号左边的数值小于符号右边的数值
②	当按下 空格 ▼ 键	侦测是否按下键盘上的某个按键
③	停止 全部脚本 ▼	终止程序运行
④	碰到 舞台边缘 ▼ ？	侦测角色是否到达舞台四周边缘，常搭配"如果"指令来使用
⑤	将x坐标增加 10	如果指令里面的数值是正数，角色就会向右移动；如果是负数，角色就会向左移动
⑥	将x坐标设为 -42	设置角色舞台上的左右位置
⑦	移到最 后面 ▼	设置角色舞台上的前后位置

核心知识：

1. 学会使用变量模块里指令的使用方法。
2. 学会编程来实现角色的舞台运动效果。

今日任务：

制作《极品飞车之狭路碰撞》项目

1. 任务说明：

赛道自上而下移动，左右移动赛车，躲避障碍物。

2. 任务分析：

序　号	角色/背景	效果说明
❶	汽车	1. 按下左右键移动赛车 2. 如果车辆脱离车道，就说翻车了，然后停止游戏 3. 如果碰到障碍物，就结束游戏
❷	障碍物	随机出现在车道上
❸	车道1	1. 一直向下移动 2. 如果移动的y坐标小于-180，就移到舞台最上方
❹	车道2	1. 程序执行车道在舞台的最上方 2. 如果车道移到舞台下方，就重新移到舞台上方

3. 场景搭建：

背景：背景库→ Blue Sky 2 →双击添加。

角色：上传角色。

完整场景：

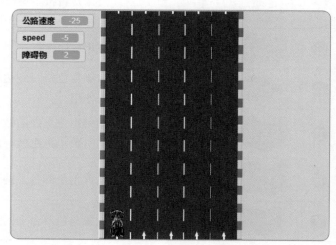

4. 编写程序:

序　号	角色/背景	效 果 说 明
❶	汽车	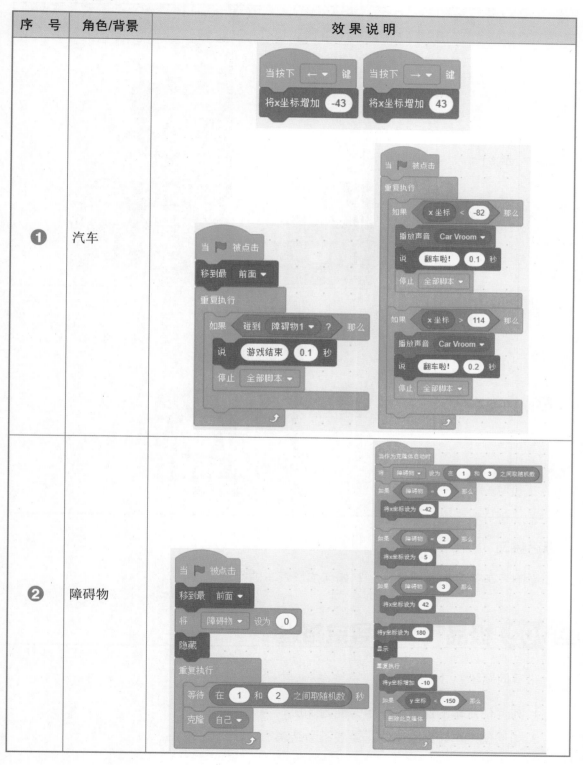
❷	障碍物	

（续表）

序 号	角色/背景	效 果 说 明
❸	车道1	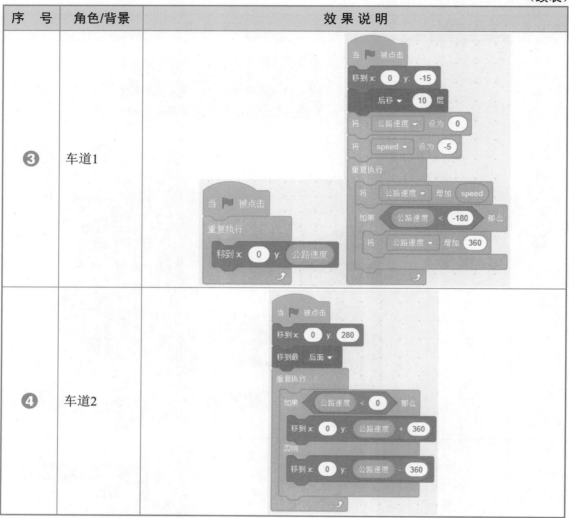
❹	车道2	

♥ 课后练习：

影响汽车速度的原因是什么？如何加快汽车的行驶速度呢？

02 极品飞车之寻宝路途

带着问题学：

1. 如何使汽车的速度在一定时间内加快？

2. 如何使汽车碰到障碍物，游戏不会结束？

核心指令：

序　号	指令图示	说　明
❶	我的变量	变量名称
❷	将 我的变量 ▼ 增加 1	将变量值增加1
❸	◯ = 50	符号两边的数值相等
❹	碰到 舞台边缘 ▼ ?	侦测角色是否到达舞台四周边缘，常搭配"如果"指令来使用
❺	广播 消息1 ▼	广播消息
❻	当接收到 消息1 ▼	当接收到消息1
❼	◯ * ◯	符号左右两边的数值相乘
❽	◯ / ◯	符号左边的数值除以符号右边的数值

核心知识：

1. 学会使用运算模块中指令的使用方法。
2. 学会编程来实现角色间的信息传递。

今日任务：

制作《极品飞车之寻宝路途》项目

1. 任务说明：

汽车碰到加速器加速 5 秒，碰到护盾免疫伤害，无敌时间 5 秒，生命值增加 5。

2. 任务分析：

序　号	角色/背景	效　果　说　明
❶	汽车	1. 如果生命值为零，就结束游戏 2. 在无敌时间外碰到车辆，生命值减1
❷	护盾	1. 出现在随机某个车道上 2. 如果碰到汽车，就把无敌时间设为5，生命设为5 3. 倒计时无敌时间
❸	加速器	1. 随机出现在某个车道上 2. 如果碰到汽车，就增加汽车的速度 3. 倒计时加速度时间
❹	喷火	1. 当接收到汽车碰到加速器，就把加速器移到汽车上 2. 当加速度时间为零时，就隐藏在舞台上

3. 场景搭建：

背景：背景库→ Blue Sky →双击添加。

角色：上传角色。

完整场景：

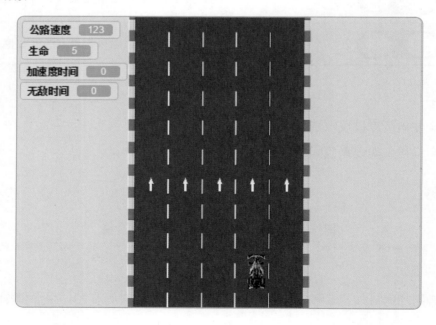

4.编写程序：

序　号	角色/背景	效 果 说 明
❶	汽车	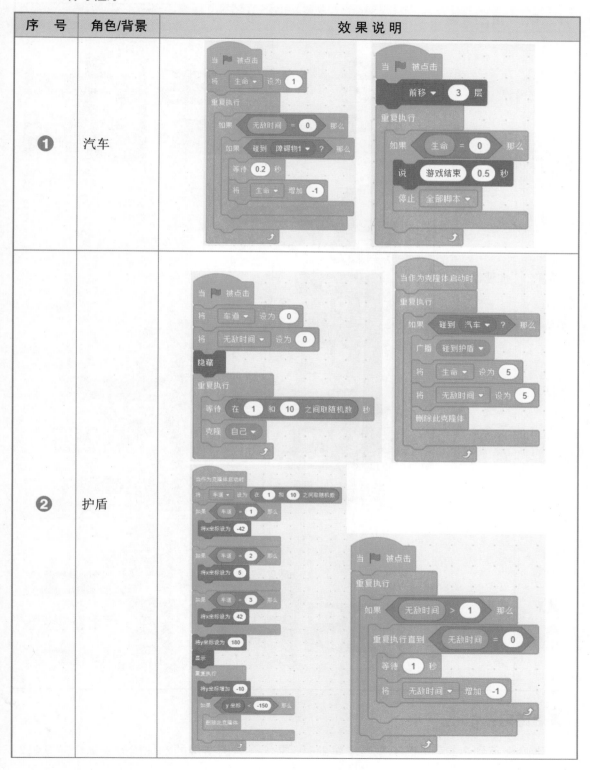
❷	护盾	

（续表）

序　号	角色/背景	效 果 说 明
❸	加速器	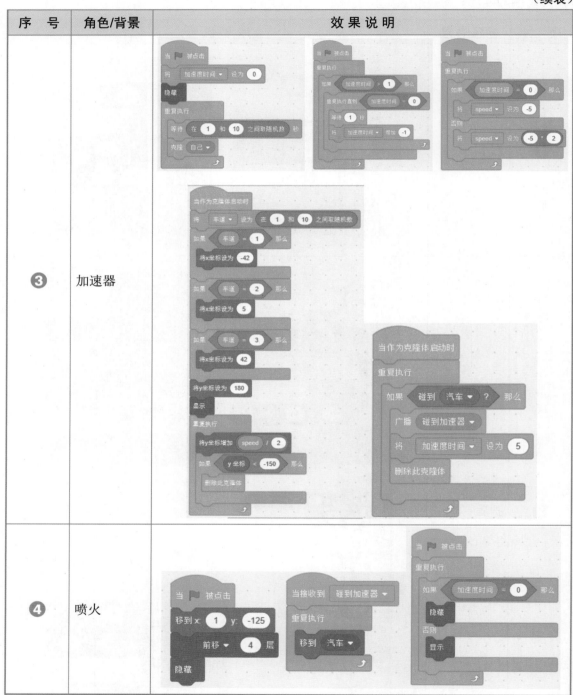
❹	喷火	

💗 **课后练习：**

　　当喷火移到汽车上，而不是汽车尾部时，是什么原因造成的？你能解决这个问题吗？

03 极品飞车之金币玩家

带着问题学：

1. 如何控制得分增加的多少？

2. 如何控制角色接连出现的时间间隔？

核心指令：

序　号	指令图示	说　明
①	我的变量	变量名
②	将　我的变量 ▼　设为　0	给变量赋值
③	显示　隐藏	隐藏或显示到舞台上
④	◯ < 50	符号左边的数值小于右边的数值
⑤	克隆　自己 ▼	克隆自己
⑥	当作为克隆体启动时	当克隆体启动时
⑦	删除此克隆体	删除当前克隆体
⑧	将　我的变量 ▼　增加　1	将变量的数值增加1，指令里面的数值可更改

核心知识：

1. 学会使用克隆指令的常用方法。

2. 学会编程实现数据的增加。

今日任务：

制作《极速飞车之金币玩家》项目

1. 任务说明：

汽车碰到金币，舞台上金币数量增加。

2. 任务分析：

序　号	角色/背景	效 果 说 明
❶	金币	1. 出现在随机车道上 2. 当碰到汽车时，金币就消失不见，金币数量增加1

3. 场景搭建：

背景：背景库→ Blue Sky 2 →双击添加。

角色：上传角色。

完整场景：

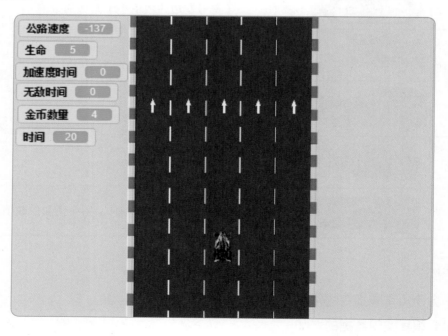

4. 编写程序：

序　号	角色/背景	效 果 说 明
❶	金币	

💗 **课后练习：**

你能编写程序添加一辆汽车，两个人一起玩这款游戏，看谁赢得的金币多吗？

04 极品飞车之炮火冲天

带着问题学：

1. 如何使子弹向上不断发射？

2. 如何控制子弹发射的时间？

♥ 核心指令：

序　号	指令图示	说　明
❶	移到 随机位置 ▼	角色移到舞台上的随机位置
❷	⬭ * ⬭	符号两边的数值相乘
❸	⬭ > 50	符号左边的数值大于右边的数值
❹	⬭ = 50	符号左右两边的数值相等
❺	移到最 后面 ▼	把角色移到舞台上的最后面
❻	广播 消息1 ▼	广播消息
❼	当接收到 消息1 ▼	当接收到消息时
❽	在 1 和 9 之间取随机数	随机数，里面的数值可以更改

♥ 核心知识：

1. 学会使用克隆指令的常规方法。

2. 学会编程来实现角色相对于其他角色进行反方向的运动。

♥ 今日任务：

制作《极品飞车之炮火冲天》项目

1. 任务说明：

汽车碰到子弹箱，然后向上发射子弹，子弹碰到障碍物，障碍物爆炸。

2. 任务分析：

序　号	角色/背景	效 果 说 明
❶	子弹箱	1. 出现在随机跑道上 2. 碰到汽车，就把攻击时间设为5 3. 倒计时攻击时间，直到攻击时间为0
❷	子弹	1. 当接收到广播消息，就移到汽车身上 2. 如果攻击时间为0，就消失 3. 如果攻击时间不为0，就克隆自己向上移动

3. 场景搭建：

背景：背景库→ Blue Sky 2 →双击添加。

角色：上传角色。

完整场景：

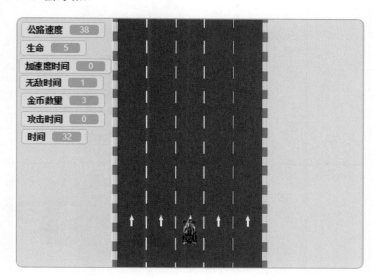

4. 编写程序：

序　号	角色/背景	效 果 说 明
❶	子弹箱	

（续表）

序　号	角色/背景	效 果 说 明
❶	子弹箱	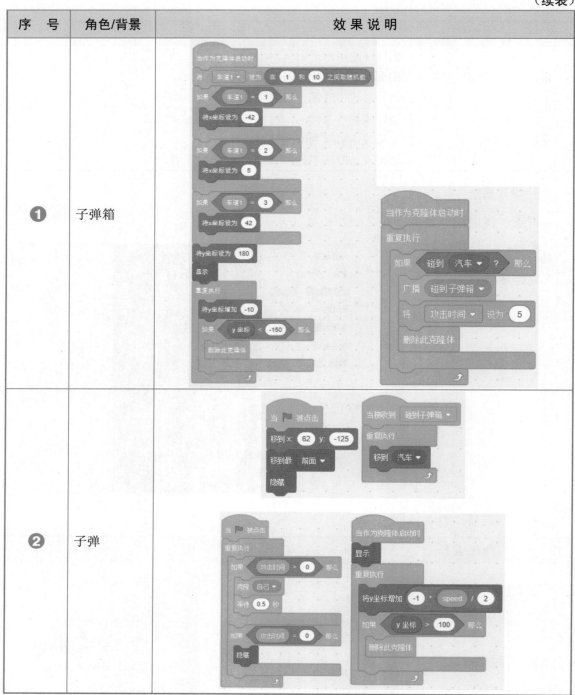
❷	子弹	

💛 **课后练习：**

你能编写程序在游戏中添加多个障碍物，以增加游戏的难度吗？

05 空中之战之敌机出没

带着问题学：

1. 如何让敌机从舞台上方随机位置下落？

2. 如何使子弹能按照我们下达的指令进行发射？

核心指令：

序　号	指　令　图　示	说　　明
①	将y坐标增加　10	若指令里面的数值为负数，则角色向下运动；若为正数，则角色向上运动
②	按下　空格 ▼ 键？	侦测是否按下键盘上的某个按键
③	克隆　自己 ▼	克隆角色
④	碰到　舞台边缘 ▼ ？	侦测角色是否到达舞台四周边缘，常搭配"如果"指令来使用
⑤	当作为克隆体启动时	当克隆体启动时
⑥	删除此克隆体	删除克隆体
⑦	广播　消息1 ▼	广播消息
⑧	停止　全部脚本 ▼	停止程序运行

核心知识：

1. 学会使用广播指令的使用方法。

2. 学会编程来实现背景的动态视觉。

♥ 今日任务：

制作《空中之战之敌机出没》项目

1. 任务说明：

敌机从舞台上方随机下落，左右移动战机躲避敌机，并发射子弹摧毁敌机。

2. 任务分析：

序 号	角色/背景	效 果 说 明
❶	背景1	1. 一直向下移动 2. 如果移动的y坐标小于-180，就移到舞台最上方
❷	车道2	1. 程序执行车道在舞台的最上方 2. 如果车道移到舞台下方，就重新移到舞台上方
❸	战机	1. 左右移动战机 2. 当按下c键广播发射子弹
❹	敌机	1. 从舞台上方随机下落 2. 碰到舞台边缘就消失 3. 碰到战机，广播游戏结束 4. 碰到子弹，换成爆炸造型
❺	子弹	当接收到发射子弹广播，移到战机身上，开始向上移动

3. 场景搭建：

背景：上传背景。

角色：上传角色。

完整场景：

4. 编写程序:

序 号	角色/背景	效果说明
❶	背景1	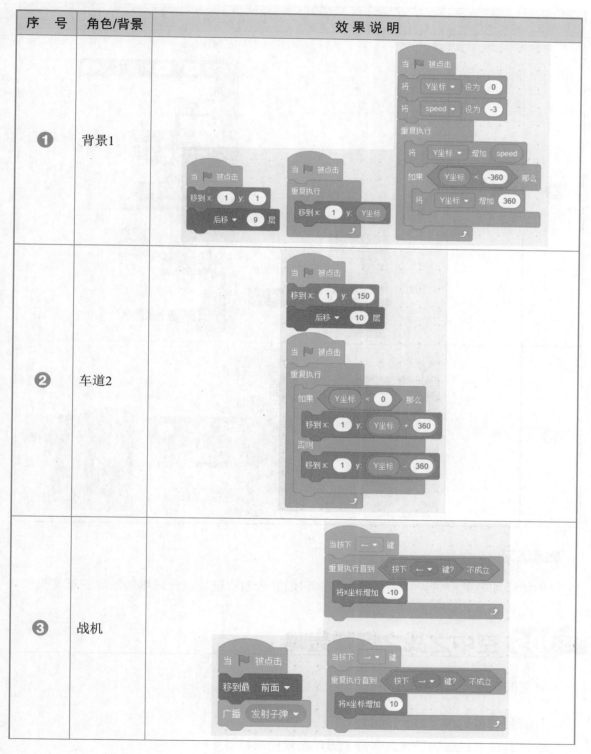
❷	车道2	
❸	战机	

（续表）

序　号	角色/背景	效　果　说　明
❹	敌机	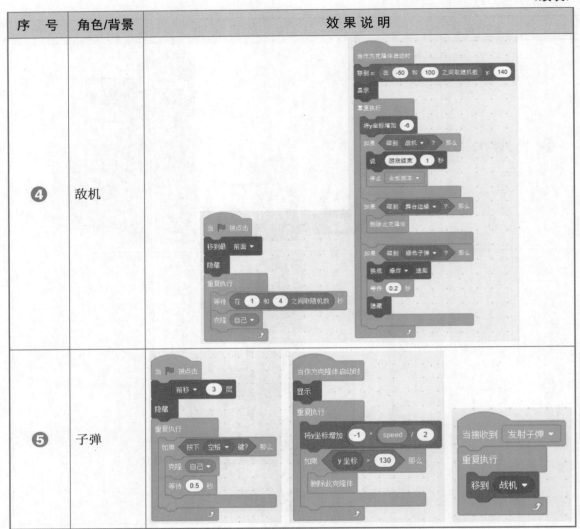
❺	子弹	

💗 **课后练习：**

你能添加多架敌机，并编写程序控制它们的运动轨迹，以此来增加游戏的难度吗？

06 **空中之战之炮弹轰鸣**

带着问题学：

1. 如何让敌机也发射子弹呢？

2. 如何使战机碰到子弹，舞台上显示游戏结束？

♥ **核心指令:**

序 号	指 令 图 示	说　明
①	将y坐标增加 10	若指令里面的数值为负数，则角色向下运动；若为正数，则角色向上运动
②	移到 随机位置 ▼	角色移动到舞台上的随机位置
③	显示　隐藏	显示或隐藏在舞台上
④	碰到 舞台边缘 ▼ ？	侦测角色是否到达舞台四周边缘，常搭配"如果"指令来使用
⑤	当作为克隆体启动时	当克隆体启动时
⑥	删除此克隆体	删除克隆体
⑦	广播 消息1 ▼	广播消息
⑧	停止 全部脚本 ▼	停止程序运行

♥ **核心知识:**

1. 学会随机数指令的使用方法。
2. 学会编程来实现角色间的信息传递。

♥ **今日任务:**

制作《空中之战之炮弹轰鸣》项目

1. 任务说明:

两架敌机随机出现在舞台上，然后敌机发射子弹，如果子弹碰到战机，就结束游戏。

2.任务分析：

序　号	角色/背景	效 果 说 明
❶	敌机1	1. 从舞台上方随机下落，发射子弹 2. 碰到舞台边缘就消失 3. 碰到战机，广播游戏结束 4. 碰到子弹，换成爆炸造型
❷	红色子弹	1. 程序执行时，移到敌机1，向下运动 2. 如果碰到战机，就结束游戏
❸	敌机2	1. 从舞台上方随机下落，发射子弹 2. 碰到舞台边缘就消失 3. 碰到战机，广播游戏结束 4. 碰到子弹，换成爆炸造型
❹	炮弹	1. 程序执行时，移到敌机2，向下运动 2. 如果碰到战机，就结束游戏
❺	Game over	当游戏结束时，显示到舞台上

3.场景搭建：

背景：上传背景。

角色：上传角色。

完整场景：

4. 编写程序：

序　号	角色/背景	效 果 说 明
❶	敌机1	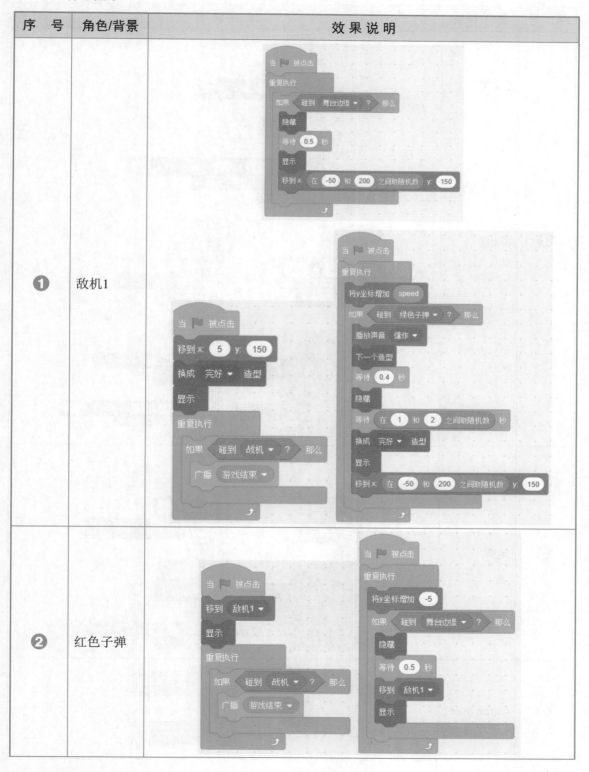
❷	红色子弹	

（续表）

序 号	角色/背景	效 果 说 明
❸	敌机2	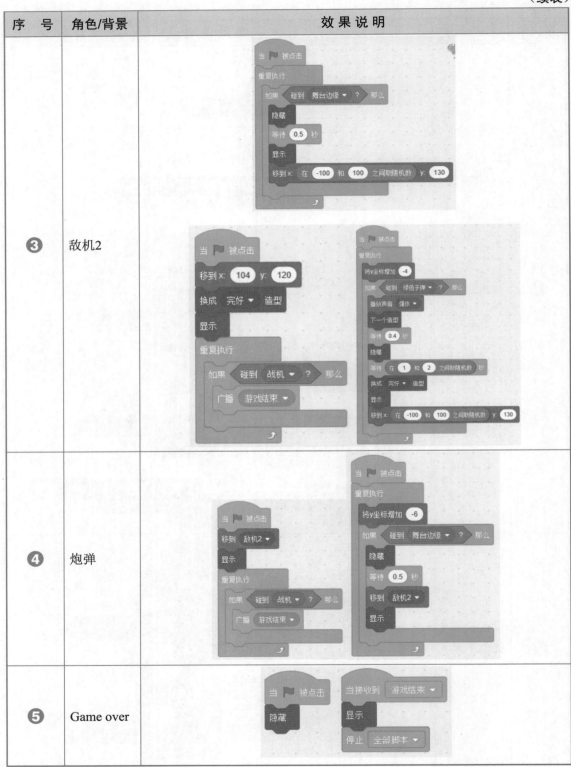
❹	炮弹	
❺	Game over	

课后练习：

你能编写程序添加护盾，为战机形成保护，当敌机子弹碰到战机时，游戏不结束吗？

07 空中之战之守护之旅

带着问题学：

1. 如何让护盾笼罩着战机？

2. 如何让战机多几条生命？

核心指令：

序　号	指令图示	说　明
❶	将y坐标增加 10	若指令里面的数值为负数，则角色向下运动；若为正数，则角色向上运动
❷	移到 随机位置 ▼	移到舞台上的随机位置或移到某个角色
❸	我的变量	变量名
❹	碰到 舞台边缘 ▼ ?	侦测角色是否到达舞台四周边缘，常搭配"如果"指令来使用
❺	将 我的变量 ▼ 设为 0	给变量赋值
❻	删除此克隆体	删除克隆体
❼	广播 消息1 ▼	广播消息
❽	停止 全部脚本 ▼	停止程序运行

核心知识：

1. 学会使用变量模块中指令的使用方法。

2. 学会编程来实现角色间的信息传递。

♥ **今日任务：**

制作《空中之战之守护之旅》项目

1. 任务说明：

生命药石、护盾随机出现在舞台上方，向下移动。战机碰到护盾，光晕移到战机身上，免疫敌机子弹的伤害。战机碰到生命药石，生命值设为 5。

2. 任务分析：

序　号	角色/背景	效 果 说 明
❶	护盾	1. 从舞台上方随机下落 2. 碰到舞台边缘就消失 3. 碰到战机，设置无敌时间
❷	生命药石	1. 从舞台上方随机下落 2. 碰到舞台边缘就消失 3. 碰到战机，将战机的生命值设为5
❸	光晕	1. 程序开始执行时，隐藏 2. 当接收到广播时，显示到战机上

3. 场景搭建：

背景：上传背景。

角色：上传角色。

完整场景：

4. 编写程序：

序　号	角色/背景	效 果 说 明
❶	护盾	
❷	生命药石	

序 号	角色/背景	效 果 说 明
❸	光晕	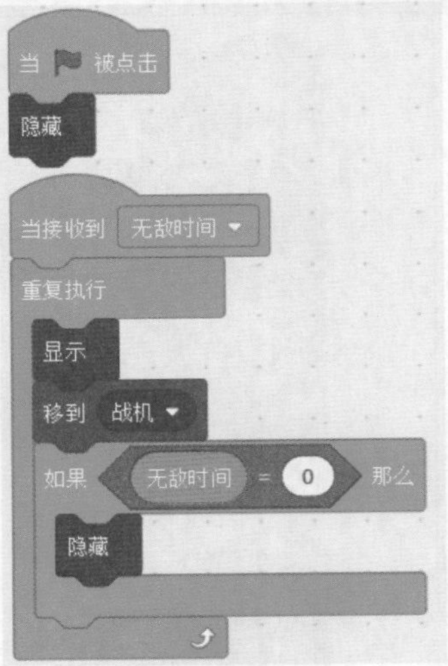 当 ▶ 被点击 隐藏 当接收到 无敌时间 ▼ 重复执行 　显示 　移到 战机 ▼ 　如果 无敌时间 = 0 那么 　　隐藏

课后练习：

你能编写程序，使生命药石从舞台上方向下下落吗？

08 空中之战之终极之战

带着问题学：

1. 如何使战机发射的子弹升级成多发子弹齐发？

2. 如何使战机子弹升级的时候，战机也随之升级？

核心指令：

序 号	指令图示	说 明
❶	 换成 造型1 ▼ 造型	给角色换成设定的造型
❷	 造型 名称 ▼	角色造型的名字
❸	 克隆 自己 ▼	克隆角色

（续表）

序　号	指令图示	说　明
❹	⬡ = 50	符号两边相等
❺	当作为克隆体启动时	当克隆体启动时
❻	删除此克隆体	删除克隆体
❼	广播　消息1 ▾	广播消息
❽	当接收到　消息1 ▾	当接收到别的角色广播的消息时

❤ **核心知识：**

1. 学会运算模块中指令的使用方法。
2. 学会编程来实现角色间的信息传递。

❤ **今日任务：**

制作《空中之战之终极之战》项目

1. 任务说明：

当战机碰到武器时，战机切换成武器强化的造型，子弹开始变成强化的子弹。

2. 任务分析：

序　号	角色/背景	效　果　说　明
❶	战机	1. 当接收到武器强化的消息，变成强化造型 2. 如果武器强化时间为0，就换成普通造型
❷	子弹	1. 当接收到武器强化的消息，就变成强化造型 2. 当接收到发射子弹的消息，就换成普通造型 3. 根据不同的造型，播放不同的音效
❸	武器升级	1. 程序开始执行时，移到随机位置 2. 如果碰到舞台边缘就消失 3. 如果碰到战机，就设置武器强化时间 4. 倒计时武器强化时间

3. 场景搭建：

背景：上传背景。

角色：上传角色。

完整场景：

4. 编写程序：

序　号	角色/背景	效 果 说 明
❶	战机	当接收到 武器强化 ▼ 重复执行 换成 强化 ▼ 造型 如果 强化时间 = 0 那么 换成 普通 ▼ 造型

（续表）

序　号	角色/背景	效 果 说 明
❷	子弹	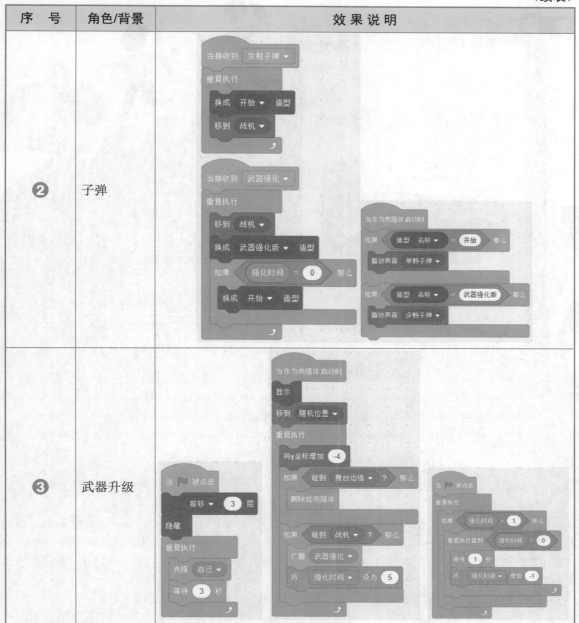
❸	武器升级	

💗 **课后练习：**

你能再添加一架战机，并编写程序使两个人一同玩这个游戏吗？

配套图书推荐

《一步一步跟我学 Scratch 3.0案例》

　　本书由一个个好玩的案例组成，通过Scratch来理解编程并培养计算思维，是孩子入门积木编程的案例书。本书分为7章，每一章分类都具有不同的性质，通过大量实战案例来讲解变量、过程、控制与执行流程、逻辑判定、数据结构等编程知识，让读者掌握自上而下、分而治之的解决问题的思维以及一些简单的数学算法，逐渐开启读者的计算思维、逻辑思维和创造力。

入门基础类：快乐的小猫、小猫追球、不断奔跑的小兔子、会计算的小猫、让名字动起来、漂亮的几何组合、超级蓝月亮。

游戏类：猜拳游戏、撞球游戏、接水果游戏、走迷宫游戏、捕鱼达人游戏、打老鼠游戏。

艺术类：制作简易的绘画板、制作风景幻灯片、绘制各种图案、让键盘变成我的电子琴、制作简单的MTV。

科学实验类：欧姆定律模拟实验、串联电路模拟实验、猜猜星星的坐标、算术比赛、制作时钟。

故事类：逛动物园、我要做自己。

数学算法类：水仙花数、找奇数、最大公约数、求对一个有序列表进行逆序、分配任务、一起来排序、你想我猜之读心术。